21 世纪计算机系列规划教材

数据库基础与应用

主　编　张凌杰　张会娟

电子工业出版社

Publishing House of Electronics Industry

北京·BEIJING

内 容 简 介

本书强调以"应用"为主，在内容上不求大而全，而是以 SQL Server 2008 为主线，有选择地在相应的位置介绍数据库原理的相关知识，使学生不仅能够熟练操作 SQL Server 2008 数据库管理系统，而且能够以数据库原理为指导，设计合理、规范、实用的数据库。

本教材介绍数据库应用的基本概念，并通过案例驱动，介绍 SQL Server 2008 数据库的实际应用。教材构架体现了从基础知识到实际应用的认知体系，系统地介绍数据库理论和 SQL Server 2008 数据库的具体应用。包括 SQL Server 2008 系统安装、Transact-SQL 程序设计、数据库、表、索引、视图、存储过程、触发器的建立、数据库的复制与恢复、数据安全性和完整性的维护以及数据库基础、关系数据库规范化设计、关系运算、数据库系统体系结构、数据库并发控制等相关内容。

本书层次清晰，概念简洁、准确，叙述通顺且图文并茂，实用性强。本书可作为以培养应用型人才为目标的高等院校、高等职业技术学院的教学用书，也可供各类培训、计算机从业人员和计算机爱好者参考。

图书在版编目（CIP）数据

数据库基础与应用/张凌杰，张会娟主编. —北京：电子工业出版社，2011.9
21 世纪计算机系列规划教材

ISBN 978-7-121-14299-4

Ⅰ. ①数… Ⅱ. ①张… ②张… Ⅲ. ①关系数据库—数据库管理系统，SQL Server 2008—高等学校—教材
Ⅳ. ①TP311.138

中国版本图书馆 CIP 数据核字（2011）第 158774 号

策划编辑：柴　灿
责任编辑：郝黎明　　文字编辑：刘少轩
印　　刷：涿州市京南印刷厂
装　　订：涿州市桃园装订有限公司
出版发行：电子工业出版社
　　　　　北京市海淀区万寿路 173 信箱　邮编 100036
开　　本：787×1092　1/16　印张：15　字数：384 千字
印　　次：2011 年 9 月第 1 次印刷
印　　数：4 000 册　定价：29.00 元

凡所购买电子工业出版社图书有缺损问题，请向购买书店调换。若书店售缺，请与本社发行部联系，联系及邮购电话：（010）88254888。

质量投诉请发邮件至 zlts@phei.com.cn，盗版侵权举报请发邮件至 dbqq@phei.com.cn。

服务热线：（010）88258888。

前　言

本书以培养应用型人才为目标，精心设计了一个"学生成绩管理系统"案例贯穿其中，让学生在解决实际问题的过程中学到数据库的原理和技术。通过本教材的学习，学生可以了解数据库的发展历史，明确数据库在各行各业中的信息化管理工作中举足轻重的地位，掌握数据库的基本原理，熟悉利用数据库进行数据管理的基本技术，具备信息管理的基本素质，从而能够从事与 IT 行业相关的管理工作。

本书以 SQL Server 2008 为主线，全面介绍 SQL Server 2008 的操作方法，包括 SQL Server 2008 的安装、数据库管理技术、表管理技术、Transact-SQL 程序设计、数据检索、索引、视图、存储过程、触发器设计、数据库的复制与恢复、数据安全性和完整性等内容，同时有选择地将数据库基础、数据模型、关系数据库规范设计、关系运算、数据库体系结构、数据库并发控制等数据库原理的相关内容分配到相应的部分，充分体现"以理论（数据库原理）为指导，以应用（SQL Server 2008）为目的"的高职高专教学模式。

本书的特点主要表现在以下几个方面。

1．低起点。即使没有 SQL Server 基础，也能轻松掌握。适合作为高等院校课程教材和相关人员的自学教材和培训教材。

2．将面向基础与实际应用相结合。深入浅出，循序渐进。本书为了方便读者学习，首先让读者了解和学习一些基本的 SQL Server 2008 技术，并辅以示例。读者在掌握这些基本技术的基础上，逐渐学习 SQL Server 2008 的高级技术，以及开发 SQL Server 2008 的过程和方法，从而使读者可以边学习、边动手，更快地掌握 SQL Server 2008 的技术。

3．内容充实，技术全面。本书在具体使用 SQL Server 2008 的基础上，全面介绍了 SQL Server 2008 的相关技术及其使用和开发方法。

4．案例驱动，加深理解。每个知识点都配合了翔实的案例，使读者能够快速入门并理解和掌握。

本书建议教学时数为 64 学时，每章的学习目标及教学时间分配见下表：

章	学习目标	学时分配	
第 1 章　数据库概论	了解数据库技术的基本概念	1	4
	了解 SQL Server 2008 和其安装过程	2	
	熟悉 SQL Server 2008 主要组件的基本操作	1	
第 2 章　数据库的创建和管理	了解数据库的构成	2	8
	创建和管理数据库	4	
	了解数据库设计思想	2	
第 3 章　表的创建和管理	建立表结构	2	10
	修改表结构	2	
	编辑数据	2	
	数据库规范化设计	4	

章	学 习 目 标	学 时 分 配	
第 4 章　数据查询	简单 SELECT 语句	4	12
	复杂 SELECT 语句	4	
	关系运算	4	
第 5 章　Transact-SQL 编程基础	了解 Transact-SQL 基础	2	4
	掌握流程控制语句设计程序	2	
第 6 章　全面掌握 SQL Server 2008	掌握视图的创建与管理	2	12
	掌握索引的创建与管理	2	
	掌握存储过程的创建与管理	2	
	掌握触发器的创建与管理	2	
	掌握游标的创建与管理	2	
	了解数据库系统体系结构	2	
第 7 章　数据库的复制与恢复	掌握数据库备份和还原	2	6
	掌握数据库附加和分离	2	
	掌握数据库数据导入/导出	2	
第 8 章　数据库的安全性	掌握登录账户管理	1	4
	掌握用户的创建与管理	1	
	掌握角色的创建与管理	1	
	掌握权限管理	1	
第 9 章　数据库的完整性	掌握事务的概念与性质	1	4
	了解锁和处理错误	2	
	了解数据库并发控制	1	
总　　计		64	64

本书可作为以培养应用型人才为目标的高等院校、高等职业技术学院的教学用书，也可供各类培训、计算机从业人员和计算机爱好者参考。

本书由张凌杰、张会娟任主编。参加本书编写的人员还有王安涛、贺学剑、张国辉、刘瑞玲、梁纪坤，本书最后由张凌杰负责统稿。在本书的编写过程中得到了河南省教育厅职业教育教研室的大力支持，在此表示衷心感谢！

另外，在本书的编写过程中参考了大量的相关文献资料，在此谨向相关专家学者表示诚挚的谢意。由于编者水平有限，加之时间仓促，虽然已经对全书反复修改完善，仍难免有不妥之处，恳请读者批评指正。

编　者

2011 年 5 月

目　　录

第 1 章

数据库概论

本章要点

➢ 了解数据库技术的基本概念
➢ 了解 SQL Server 2008 及其安装过程
➢ 熟悉 SQL Server 2008 主要组件的基本操作

信息技术是现代经济社会的支柱，而网络和数据库技术又是信息技术的核心。随着网络的不断发展，处理的信息量急速膨胀，数据传播速度也越来越快。而数据库已经成为人们储存数据、管理信息、共享资源的最先进、最常用的技术。

1.1 数据库原理（一）——数据库基本概念

数据库技术研究的是如何科学正确地组织、存储数据，如何高效地获取和处理数据，是由文件管理系统发展起来的一种理想的数据管理技术。对客观世界的描述，最终都要表现为数据。数据是用于承载信息的物理符号。当用计算机处理这些数据时，需要对它们进行组织、存储、加工和维护，即进行数据管理。而当数据量特别大时，程序如何处理数据就变得相当重要。

1.1.1 数据库技术的发展

随着计算机技术的不断发展，数据管理技术经历了人工管理阶段、文件系统阶段和数据库系统阶段。

1. 人工管理阶段

20 世纪 50 年代中期以前，计算机主要用于科学计算，数据管理主要由人工完成。当时从硬件看，外存只有磁带、卡片、纸带，还没有磁盘等这些可直接存取的存储设备；从软件上看，还没有出现操作系统和管理数据的软件。所以数据由用户直接管理，因此数据依赖于特定的应用程序，缺乏独立性，且数据间也缺乏逻辑组织。

人工管理阶段程序与数据之间的关系如图 1-1 所示。

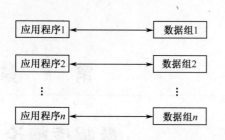

图 1-1　人工管理阶段程序与数据之间的关系

人工管理阶段数据处理的主要特点是：

（1）数据不存储。数据无法永久存储，需要使用数据时才编写程序，将数据嵌入到程序中处理。

（2）数据无法独立于程序，它是程序的组成部分。程序员对数据的存储结构、存取方法及输入/输出的格式拥有绝对的控制权，要修改数据必须修改程序。

（3）数据是面向程序的，不同程序的数据之间是相互独立、彼此无关的，即使两个不同程序涉及相同的数据，也必须各自定义，无法互相利用、互相参照。数据无法共享而高度冗余。

2. 文件系统阶段

20 世纪 50 年代后期～60 年代中期，计算机不仅应用于科学计算，还大量应用于经济管理。硬件方面，有了磁盘、磁鼓等存储设备；软件方面，操作系统中已经有了专门的数据管理软件——文件系统。此时数据可以长期保持在外围设备上，由文件系统统一管理数据的存取。

文件系统阶段程序与数据之间的关系如图 1-2 所示。

文件系统阶段的主要特点是：

（1）数据被组织成相对独立的数据文件，数据和程序相互独立，数据共享成为可能；数据的物理结构和逻辑结构之间有了简单的变换。

（2）文件管理系统提供了对数据文件按文件名称进行数据的存取、修改等的编辑操作方法。

（3）数据虽可以共享，但因数据还是面向某些特定的应用程序，所以数据仍存在相当程度的冗余。

3. 数据库系统阶段

20 世纪 60 年代后期，数据管理进入数据库系统阶段。此时计算机系统广泛应用于企业管理，于是为了解决多用户、多应用共享数据的需求，使数据为尽可能多的应用服务，数据库技术便应运而生。

数据库系统阶段程序与数据之间的关系如图 1-3 所示。

数据库系统的目标是：解决数据冗余问题，实现独立性，实现数据共享并解决由于数据共享而带来的数据完整性、安全性及并发控制等一系列问题。为实现这一目标，数据库的运行必须由一个软件系统来控制，这个系统软件称为数据库管理系统。

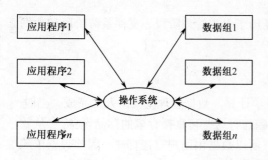

图 1-2　文件系统阶段程序与数据之间的关系

图 1-3　数据库系统阶段程序与数据之间的关系

1.1.2 数据库技术的基本概念

数据库的基本概念和术语有：数据、数据库、数据库管理系统和数据库系统。

1．数据

数据（Data）是数据库中存储的基本对象，也是最终用户操作的基本对象。数据是对现实世界中事物的一种描述，在计算机领域中数据是一个广义的概念，文字、图形、图像、声音等都属于数据范畴，它们都是经过数字化后存入计算机的。

2．数据库

数据库（Database，DB）可以简单理解为"存放数据的仓库"，这个仓库是计算机的存储设备。较为全面的定义是：所谓数据库，就是为满足某部门各种用户的多种应用需要，在计算机系统中按照一定数据模型组织、存储和使用的互相关联的数据集合。

3．数据库管理系统

数据库管理系统（Database Management System，DBMS）是位于用户与操作系统之间的一层数据管理软件。通常具有以下功能：

（1）数据定义功能

数据库管理系统给用户提供了数据描述语言（Data Description Language，DDL）。用于在数据库中创建并且管理各种数据库对象，如数据库、表、视图、索引、触发器等，主要通过对每个对象的 CREATE、ALTER、DROP 语句来实现。

（2）数据操纵功能

数据库管理系统给用户提供了数据操纵语言（Data Manipulation Language，DML）。用于对数据的查询、添加、修改和删除等操作，使用 SELECT、INSERT、UPDATE、DELETE 语句。

（3）数据控制功能

数据库管理系统给用户提供了数据控制语言（Data Control Language，DCL）。用于对用户的权限进行设控制，主要使用 GRANT、GRANT、DENY、REVOKE 语句。

4．数据库系统

数据库系统（Data Base System）是指采用数据库技术的计算机系统，包括数据库、数据库管理系统和构成这一计算机系统的其他部分（如计算机硬件、支撑软件、操作人员等）。

1.2 SQL Server 2008 简介

1.2.1 SQL Server 的发展历史

SQL Server 2008 是微软公司于 2008 年推出的最新版本。这一数据库管理系统从诞生发展至今，已经历了 20 多年，以下是 SQL Server 的发展历程。

1987 年，赛贝斯公司发布了 Sybase SQL Server 系统。

1988 年，微软公司、Aston-Tate 公司共同参与赛贝斯公司的 SQL Server 系统开发中。

1989 年，推出了 SQL Server 1.0 for OS/2 系统。

1990 年，Aston-Tate 公司退出了联合开发团队，微软公司则希望将 SQL Server 移植到自己刚刚推出的新技术产品，即 Windows NT 系统中。

1992 年，微软与赛贝斯公司年签署了联合开发用于 Windows NT 环境的 SQL Server 系统。

1993 年，微软公司与赛贝斯公司在 SQL Server 系统方面的联合开发正式结束。

1995 年，微软公司成功地发布了 Microsoft SQL Server 6.0 系统。

1996 年，微软公司又发布了 Microsoft SQL Server 6.5 系统。

1998 年，微软公司又成功地推出了 Microsoft SQL Server 7.0 系统。

2000 年，微软公司迅速发布了与传统 SQL Server 有重大不同的 Microsoft SQL Server 2000 系统。

2005 年 12 月，微软公司发布了 Microsoft SQL Server 2005 系统。

2008 年 8 月，微软公司发布了 Microsoft SQL Server 2008 系统。

Microsoft SQL Server 2008 在安全性、可用性、易管理性、可扩展性、商业智能等方面有了更多的改进和提高，对企业的数据存储和应用需求提供了更强大的支持和便利。

1.2.2   SQL Server 2008 的版本

SQL Server 2008 分为 SQL Server 2008 企业版、标准版、工作组版、Web 版、开发者版、Express 版、Compact 3.5 版，其功能和作用也各不相同，其中 SQL Server 2008 Express 版是免费版本。

（1）SQL Server 2008 企业版

SQL Server 2008 企业版是一个全面的数据管理和业务智能平台，为关键业务应用提供了企业级的可扩展性、数据仓库、安全、高级分析和报表支持。这一版本将为你提供更加坚固的服务器和执行大规模在线事务处理。

（2）SQL Server 2008 标准版

SQL Server 2008 标准版是一个完整的数据管理和业务智能平台，为部门级应用提供了最佳的易用性和可管理特性。

（3）SQL Server 2008 工作组版

SQL Server 2008 工作组版是一个值得信赖的数据管理和报表平台，用以实现安全的发布、远程同步和对运行分支应用的管理能力。这一版本拥有核心的数据库特性，可以很容易地升级到标准版或企业版。

（4）SQL Server 2008 Web 版

SQL Server 2008 Web 版是针对运行于 Windows 服务器中要求高可用、面向 Internet Web 服务的环境而设计。这一版本为实现低成本、大规模、高可用性的 Web 应用或客户托管解决方案提供了必要的支持工具。

（5）SQL Server 2008 开发者版

SQL Server 2008 开发者版允许开发人员构建和测试基于 SQL Server 的任意类型应用。这一版本拥有所有企业版的特性，但只限于在开发、测试和演示中使用。基于这一版本开发的应用和数据库可以很容易地升级到企业版。

（6）SQL Server 2008 Express 版

SQL Server 2008 Express 版是 SQL Server 的一个免费版本，它拥有核心的数据库功能，其中包括了 SQL Server 2008 中最新的数据类型，但它是 SQL Server 的一个微型版本。这一版本是为了学习、创建桌面应用和小型服务器应用而发布的，也可供 ISV 再发行使用。

（7）SQL Server Compact 3.5 版

SQL Server Compact 是一个针对开发人员而设计的免费嵌入式数据库，这一版本的意图是构建独立、仅有少量连接需求的移动设备、桌面和 Web 客户端应用。 SQL Server Compact 可以运行于所有的微软 Windows 平台之上，包括 Windows XP 和 Windows Vista 操作系统，以及 Pocket PC 和 Smart Phone 设备。

1.3　安装 SQL Server 2008

1.3.1　SQL Server 2008 的运行环境

SQL Server 2008 不同版本对计算机硬件环境的要求差别不大，一般要求处理器 CPU 为 Pentium III 兼容处理器或速度更快的处理器，要求处理器的频率最低为 1.0GHz，建议 2GHz 或者更高；要求内存最小为 512MB，建议 2GB 以上或者更大。企业版对硬件的要求相对较高，尤其是内存，最好在 2GB 以上。

1. SQL Server 2008 运行硬件环境

安装 SQL Server 2008 时，将占据 1GB 以上的硬盘空间。为确保系统具有较高的运行可持续性，建议配备足够的硬盘空间。

SQL Server 2008 作为一种服务器软件，在实际使用过程中，还需要考虑业务的负荷。如在并发访问用户较多等场合，适当提高服务器的硬件配置是提高系统性能的必要措施。

2. SQL Server 2008 运行软件环境

SQL Server 2008 对软件环境的要求差别较大。其中，企业版要求操作系统为服务器环境的操作系统，如 Windows Server 2003、Windows Server 2008 等；标准版除了可以安装于服务器版的操作系统外，还可以是 Windows XP、Windows Vista Ultimate/Enterprise/Business 等版本；工作组版、开发版和精简版适用于安装在 Windows XP、Windows Vista、Windows Server 2003/2008 等各种版本（上述仅针对 32 位的 SQL Server 2008）。

1.3.2　SQL Server 2008 的安装

（1）启动安装。双击 SQL Server 2008 安装盘根目录中的 setup.exe，进入"SQL Server 安装中心"，如图 1-4 所示。

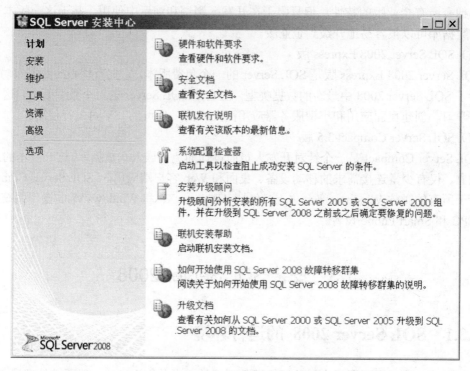

图 1-4 启动安装

（2）选择"全新 SQL Server 独立安装或向现有安装添加功能"项，如图 1-5 所示。

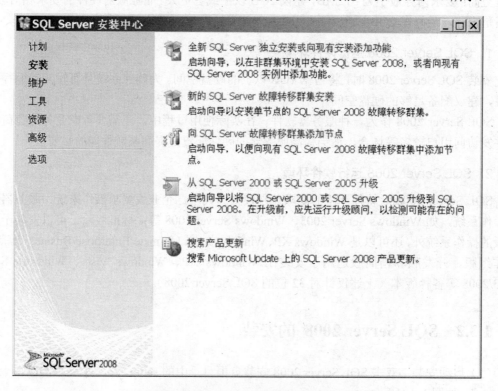

图 1-5 选择"全新 SQL Server 独立安装或向现有安装添加功能"项

（3）"安装程序支持规则"验证计算机配置，如图 1-6 所示。

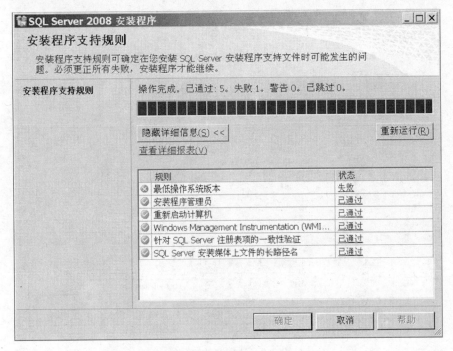

图 1-6　"安装程序支持规则"验证计算机配置

（4）安装程序所要求的支持文件，如图 1-7 所示。

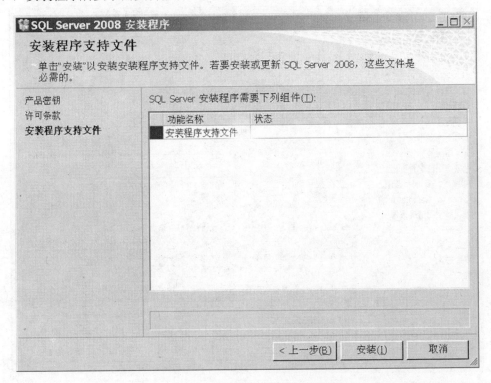

图 1-7　安装程序所要求的支持文件

（5）选择安装的功能，如图 1-8 所示。

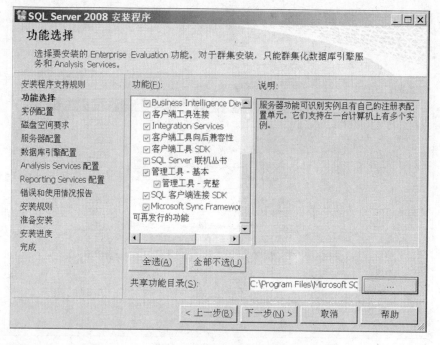

图 1-8　选择安装的功能

（6）实例配置，如图 1-9 所示。

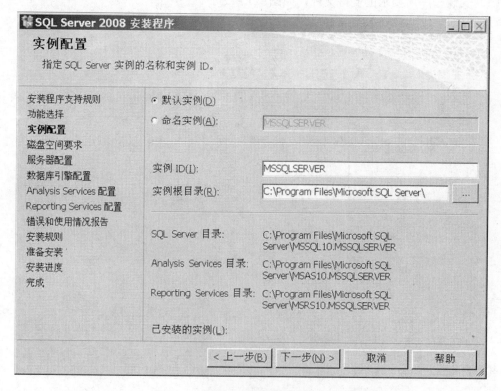

图 1-9　实例配置

（7）磁盘空间要求，如图 1-10 所示。

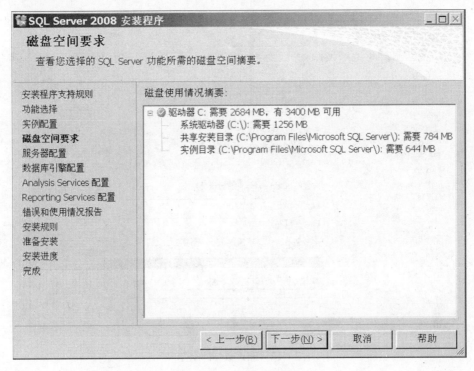

图 1-10 磁盘空间要求

（8）指定服务账户，如图 1-11 所示。

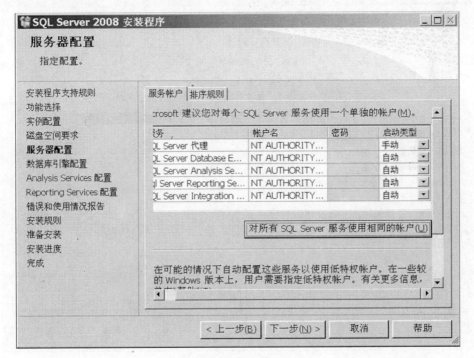

图 1-11 指定服务账户

（9）配置数据库引擎，如图 1-12 所示。

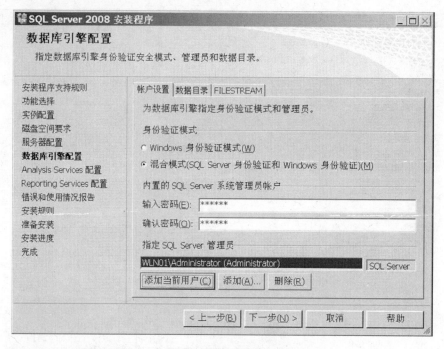

图 1-12　配置数据库引擎

（10）Analysis Services 配置，如图 1-13 所示。

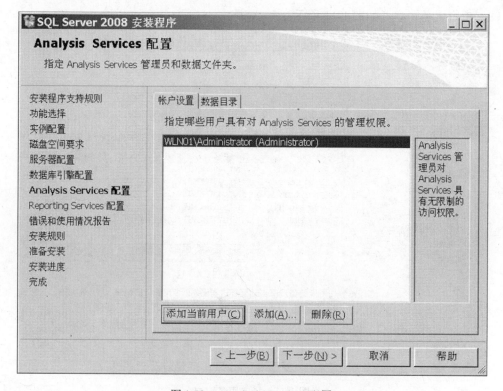

图 1-13　Analysis Services 配置

（11）配置 Reporting Services，如图 1-14 所示。

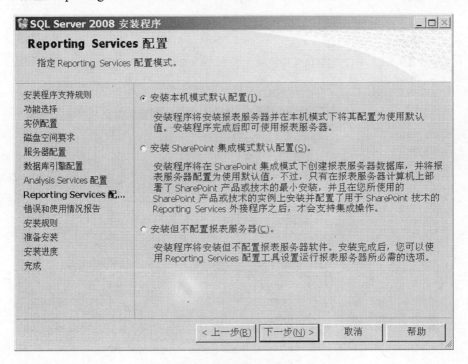

图 1-14 配置 Reporting Services

（12）错误和使用情况报告，如图 1-15 所示。

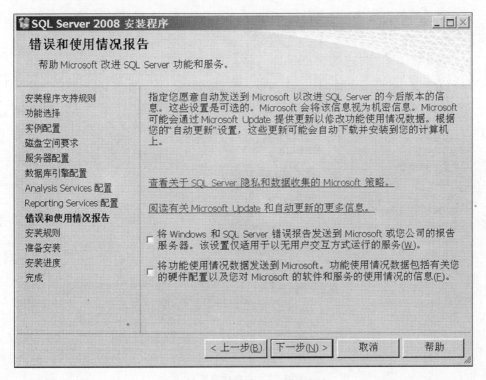

图 1-15 错误和使用情况报告

（13）安装规则验证所选的安装选项，如图 1-16 所示。

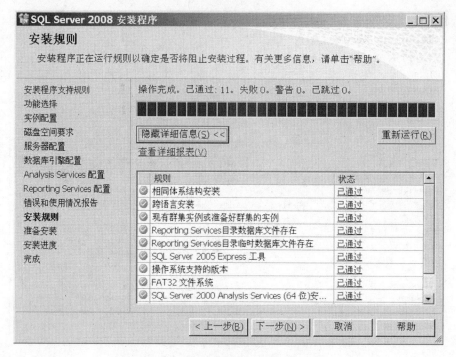

图 1-16　安装规则验证所选的安装选项

（14）安装信息汇总，如图 1-17 所示。

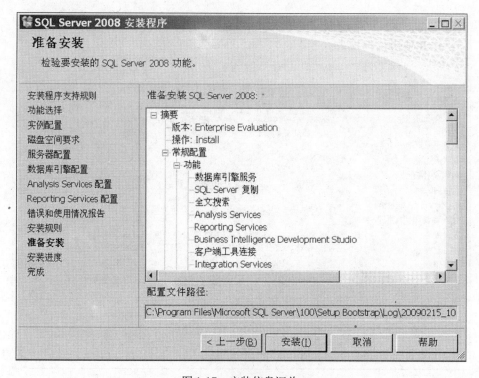

图 1-17　安装信息汇总

1.4　管理 SQL Server 2008 的组件

　　SQL Server 2008 是服务器软件，在操作系统中是以 Windows 服务的形式运行的。SQL Server 2008 提供的管理工具，如 SQL Server Management Studio（SSMS）、SQL Server 配置管理器、SQL Server Profiler 等工具，为用户使用和管理 SQL Server 2008 提供了便捷的工具。

1.4.1　SQL Server Management Studio

　　SQL Server Management Studio（SSMS）是 SQL Server 2008 中使用最多、功能最全面的图形用户界面（GUI），几乎所有的 SQL Server 2008 的管理和使用操作都可以通过 SQL Server Management Studio（SSMS）完成。熟练掌握 SSMS 的各项操作是熟练使用 SQL Server 2008 系统的首要前提。

　　要启动 SQL Server Management Studio（SSMS），可以通过以下步骤来执行。

　　（1）启动 SSMS。选择"开始"→"程序"→"Microsoft SQL Server 2008"→"SQL Server Management Studio（SSMS）"命令。由于 SQL Server Management Studio 是客户端工具，因此，通过 SQL Server Management Studio 管理和操作 SQL Server 服务，需要先连接服务器。

　　（2）连接服务器。在如图 1-18 所示的"连接到服务器"对话框中，选择要连接的服务器和身份验证方式。在"服务器名称"中输入"（Local）"并在"身份验证"下拉列表框中选择"Windows 身份验证"选项，单击"连接"按钮，进入 SQL Server Management Studio 窗口。

图 1-18　连接到服务器

　　SSMS 窗口是一个由多个子窗口组成的集成应用环境，如"对象资源管理器"、"属性"、"已注册的服务器"、"模板资源管理器"、"解决方案管理器"等；系统默认以选项卡的方式显示这些窗口。如果用户需要，可以将之设置为"MDI 环境"，具体操作可以选择"工具"→"选项"命令，在打开的"选项"对话框中进行设置。

在 SSMS 窗口中，常用的子窗口包括以下几项。

① 对象资源管理器。"对象资源管理器"以树型列表列出了 SSMS 连接的服务器，以及服务器下的各种 SQL Server 对象，包括数据库、安全性、服务器对象、复制、管理、SQL Server 代理等节点。通过"对象资源管理器"可以对上述节点中的对象执行各项操作，如创建、修改数据库、数据表等。"对象资源管理器"窗口如图 1-19 所示。

图 1-19 "对象资源管理器"窗口

② "已注册的服务器"。在"已注册的服务器"窗口中可以注册 SQL Server 支持的各种服务器，包括"数据库引擎"服务器、Analysis Services 服务器、Integration Services 服务器、Reporting Services 服务器等。通过将 SQL Server 支持的上述服务器注册到 SSMS 工具中，SSMS 可以显示已注册服务器的信息，并对这些服务器进行管理。服务器下对应的各个对象，可以通过"对象资源管理器"来显示并进行管理。SQL Server 2008 最新提供的中央管理服务器和服务器组功能，可以在"已注册的服务器"中进行管理。

③ 模板资源管理器。SQL Server 为便于用户使用，提供常用操作的模板，如数据库创建、数据库备份等，这些模板都集中在"模板资源管理器"中，用户可以根据需要选择对应的模板，然后修改模板提供的代码来完成所需要的操作。

④ 解决方案资源管理器。"解决方案资源管理器"可以集成 Business Intelligence Development Studio 工具，来创建和管理商业智能应用项目。

⑤ SQL 查询设计器。该窗口可以编写 T-SQL 代码，对数据库进行各项操作，如查询数据、修改数据表等。该窗口支持彩色关键词模式，即可以多字体颜色方式区分 TSQL 语句中的关键词和用户数据等。单击工具栏上的"新建查询"按钮可以打开"查询设计器"窗口。

1.4.2　SQL Server 配置管理器

SQL Server 2008 提供了数据库引擎、Analysis Services、Integration Services、Reporting Services、SQL Server Agent、SQL Server Browser 等多种服务。上述服务可以通过选择 Windows 操作系统中的"管理工具"→"服务"命令来进行管理；也可以通过 SQL Server 提供的"SQL Server 配置管理器"来进行管理。

"SQL Server 配置管理器"可以通过：选择"开始"→"程序"→"Microsoft SQL Server 2008" →"配置工具"→"SQL Server 配置管理器"命令来启动，如图 1-20 所示。

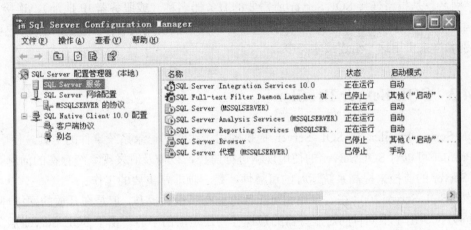

图 1-20　SQL Server 配置管理器

SQL Server 配置管理器包括 SQL Server 服务、SQL Server 网络配置、SQL Native Client 10.0 配置等项。

（1）SQL Server 服务。可以对 SQL Server 2008 提供的各项服务进行管理，如启动、停止、暂停以及修改服务登录的账户等。可以通过查看服务的"属性"，在"属性"对话框中来执行具体操作。

（2）SQL Server 网络配置。可以设置 SQL Server 服务器端的网络协议配置，SQL Server 服务允许通过多种网络协议来响应客户端的请求，这些协议包括 Shared Memory、Named Pipes、TCP/IP 和 VIA。

① Shared Memory。共享内存协议，用于客户端工具（如 SSMS）和 SQL Server 2008 安装于同一台计算机的场合。SSMS 可以通过 Shared Memory 来连接本机 SQL Server 2008。Shared Memory 是系统默认启用的协议，因此，在安装完毕后，可以通过如图 1-18 所示的参数连接服务器。

② Named Pipes。命名通道，是一种简单的进程间通信（IPC）机制，主要用于 Windows 平台局域网内通信的协议。应用 Named Pipes 协议，SQL Server 2008 可以通过\\.\pipe\ sql\query 来响应客户端的请求。由于 TCP/IP 作为最常用的一种协议，在 SQL Server 服务中默认处于开启状态；因此，为避免启用协议过多而增加潜在风险，Named Pipes 默认处于关闭状态。如果要开启 Named Pipes 协议，只需右击该协议，在弹出的快捷菜单中选择"启用"命令即可。

③ TCP/IP 协议。TCP/IP 是网络中应用最广的一种协议，如果 SQL Server 服务器需要通

过 Internet 来响应客户端的请求,则应该开启使用 TCP/IP 协议。

④ VIA 协议。虚拟接口适配器(Virtual Interface Adapter, VIA),是一种通过专用硬件来连接 SQL Server 服务器和客户端通信的协议。由于硬件厂商实际提供的硬件存在一定的区别,因此,具体的实现方式也会有所不同。通过 VIA 协议实现的连接性能和安全性相对较高。

(3) SQL Native Client 10.0 配置。"SQL Native Client 10.0 配置"用于配置 SQL Server 客户端工具连接 SQL Server 服务器的相关设置,包括客户端协议、别名。

① 客户端协议。包括 Shared Memory、Named Pipes、TCP/IP 和 VIA 等协议,与 SQL Server 服务器端协议对应。如果客户端要通过某一协议连接 SQL Server 服务器,要求服务器相应的协议也必须开启。

② 别名。是指将连接 SQL Server 所需要的服务器名称(或服务器 IP 地址)、连接协议、端口等封装成一个字符串,并用某一名称来命名。在需要使用的客户端工具中,用户可以使用该"别名"来引用这一组连接字符串。

1.4.3　SQL Server Profiler

SQL Server Profiler 是 SQL Server 提供的用于跟踪和记录系统事件的工具。使用 SQL Server Profiler 可以对 SQL Server 的使用现状进行监控,以便及时发现系统存在的问题。通过对 SQL Server 的监控来提高系统运行的可靠性,是一项非常重要的工作。

虽然,SQL Server 2008 在安全性和可靠性方面有了很大提升,但是在开放的网络环境中,来自不同方位、出于不同目的对服务器的窥视行为还是层出不穷。由于 SQL Server 服务器中所保存的数据往往是一家企业或者组织重要的资源,如银行的存款账户信息、电子商务公司的客户信息等,这些数据如果出现被窃取、破坏,以及服务器被攻击损坏等意外情况,对公司或者组织来说都有可能造成巨大的灾难。因此,必须充分利用 SQL Server Profiler 提供的功能,做好对系统的日常监控。

要启动 SQL Server Profiler 可以通过下述操作:选择"开始"→"程序"→Microsoft SQL Server 2008→"性能工具"→"SQL Server Profiler"命令。启动 SQL Server Profiler 后,需要连接待监控的 SQL Server 服务器,通过输入服务器名、选择身份验证模式,连接服务器,进入 SQL Server Profiler 后的操作界面。

本节以监控"服务器登录失败"情况为例,介绍 SQL Server Profiler 的使用方法。很显然,如果通过 SQL Server Profiler 发现有人多次试图登录服务器,又多次失败,就可以肯定存在用户忘记连接参数或者有人试图非法侵入的情况。因此,对登录服务失败的行为进行监控是非常必要的,可以及时采取相应的措施来进行干预。

要使用 SQL Server Profiler 执行服务器登录失败的监控,可以通过以下步骤来实现。

(1) 新建跟踪。选择"文件"→"新建跟踪"命令。在弹出的"跟踪属性"对话框的"常规"选项卡中设置参数。在"事件选择"选项卡中,选中 Security Audit 的 Audit Login Failed 事件。

(2) 执行跟踪。设置完上述参数后,单击"运行"按钮,SQL Server Profiler 开始执行跟踪。此时,假如用户采用错误的服务器连接方式(如将身份验证方式改为"SQL Server 身份验证",并使用错误"用户名"或"密码"),重新连接服务器。由于"用户名"或"密码"错误,不能成功登录,SQL Server Profiler 会监测到这一事件信息,如图 1-21 所示。从跟踪结果中可以查看试图登录的客户端程序（Application Name）、主机名称（Host Name）、采用的用户账号等；可以进一步分析事件的详细情况。

如果要持续监控服务器的情况，可以使 SQL Server Profiler 跟踪一直处于运行状态，监控结果会记录在文件和数据表中，在需要时可以打开上述文件和数据表进行查看。

图 1-21　执行跟踪

1.4.4　数据库引擎优化顾问

"数据库引擎优化顾问"是对 SQL Server 服务器应用过程中承受的工作负荷进行分析，提出优化方案的工具。如果在数据库的使用过程中，创建的索引与实际应用不匹配，如在电子商务网站中，用户会频繁对"商品名称"进行检索，如果系统只对"商品编号"项创建了索引，而未对"商品名称"创建索引，这样就会对系统性能产生影响。数据库引擎优化顾问可以分析这种情况，进而提出改进的建议。如图 1-22 所示是"数据库引擎优化顾问"的操作界面。

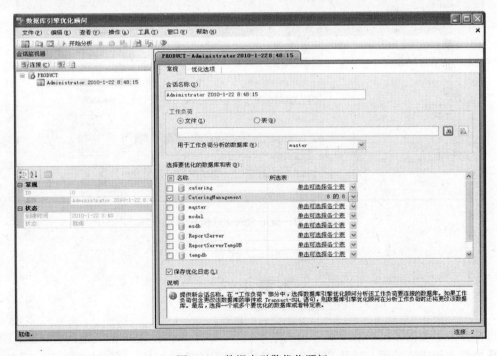

图 1-22　数据库引擎优化顾问

应用"数据库引擎优化顾问"必须先获取一个工作负荷，工作负荷是指服务器响应各种访问请求产生的资源开支，如一组 TSQL 查询请求等，可以通过 SQL Server Profiler 跟踪来获取工作负荷。

1.4.5 SQL Server 联机丛书

SQL Server 联机丛书是微软公司提供的有关 SQL Server 的电子帮助资料系统。由于联机丛书内容丰富，涵盖 SQL Server 相关内容的各方面知识，再加上友好的使用界面，使联机丛书成为对 SQL Server 使用人员很有帮助的学习和使用手册。

要使用联机丛书，可以执行以下步骤：选择"开始"→"程序"→"Microsoft SQL Server 2008"→"文档和教程"→"SQL Server 联机丛书"命令。

图 1-23 所示是联机丛书的使用界面，左侧是树形的目录，可以通过选择目录和索引，来访问需要的资料；右侧是内容区，也提供了搜索功能，可以通过关键词检索到本机安装的联机丛书中的资料，也可检索在线的最新资料。对于需要经常查看的资料，可以添加到"帮助收藏夹"中，以便下次可以快捷访问。

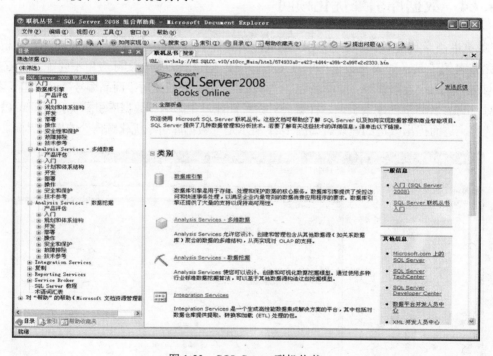

图 1-23 SQL Server 联机丛书

本章小结

本章介绍了数据库技术的发展和相关基本概念，SQL Server 2008 的发展历程、安装的软、硬件环境要求和安装过程，以及 SQL Server 2008 常用的各种工具。通过本章学习，读者将对数据库基础知识和 SQL Server 2008 有初步的认识，并为进一步学习 SQL Server 2008 奠定基础。

习题 1

1．调研数据库管理系统的应用现状，了解和分析 SQL Server 数据库系统的应用情况。

2．SQL Server 2008 有哪些版本，不同版本对软、硬件平台各自有哪些要求？

3．SQL Server 2008 包括哪些应用服务，这些应用服务可满足用户何种应用需求？

4．了解和掌握 SQL Server 2008 的安装过程，并动手实践安装过程。

5．SQL Server 2008 客户端的工具有哪些？如何使用？

第2章

数据库的创建和管理

本章要点

➢ 掌握 SQL Server 2008 数据库的构成
➢ 了解 SQL Server 2008 数据库的对象
➢ 掌握 SQL Server 2008 数据库的创建和管理
➢ 熟悉数据库设计的方法和步骤

本章将介绍如何创建和管理 SQL Server 数据库，主要内容包括数据库概述、如何创建数据库、如何管理数据库以及数据库设计的思想。

2.1 了解数据库——数据库的构成

数据库主要存储数据表的集合以及其他数据库对象。数据库体系结构又划分为数据库逻辑结构和数据库物理结构。数据库逻辑结构主要应用于面向用户的数据组织和管理，在逻辑层次上，数据库是由表、视图、存储过程等一系列数据对象组成的。当创建数据库时，SQL Server 2008 都会自动创建一些数据对象，其中比较重要的是系统表。在物理层次上，主要应用于面向计算机的数据组织和管理，如数据文件、表和视图的数据组织方式，磁盘空间的利用和回收，文本和图形数据的有效存储等。

2.1.1 SQL Server 数据库类型

安装了 SQL Server 2008 以后，系统会自动创建 4 个系统数据库，它们分别是 master, model , msdb,tempdb。这些系统数据库的文件存储在 Microsoft SQL Server 默认安装目录下的 MSSQL 子目录下的 Data 文件夹中，数据库文件的扩展名为.mdf，事务日志文件的扩展名为.ldf。

1. master 数据库

master 数据库是 SQL Server 2008 系统最重要的数据库，如果 master 数据库损坏，SQL Server 服务无法启动。master 数据库记录了 SQL Server 系统所有的系统信息。这些系统信息包括所有的登录信息、系统设置信息、SQL Server 的初始化信息和其他系统数据库和用户数据库的相关信息。因此，当创建一个数据库、更改系统的设置、添加个人登录账户等更改系统数据库 master 的操作之后，应当及时备份 master 系统数据库。

在 master 数据库中，系统信息都记录在以 sys 开头的系统表中。常见的系统表信息如表 2-1 所示。master 数据库中还有很多系统存储过程和扩展存储过程。系统存储过程是预先编译好的程序，所有的系统存储过程的名字都以 sp_开头（扩展存储过程以 xp_开头），如表 2-2 所示。

表 2-1　master 数据库中的常用系统表

系 统 表	用 　 途
syscolumns	存储每个表和视图中的每一列的信息以及存储过程中的每个参数的信息
syscomments	存储包含每个视图、规则、默认值、触发器、CHECK 约束、DEFAULT 约束和存储过程的原始 SQL 文本语句
sysconstraints	存储当前数据库中每一个约束的基本信息
sysdatabases	存储当前服务器上每一个数据库的基本信息
sysindexes	存储当前数据库中的每个索引的信息
sysobjects	存储数据库内的每个对象（约束、默认值、日志、规则、存储过程等）的基本信息
sysreferences	存储所有包括 FOREIGN KEY 约束的列
systypes	存储系统提供的每种数据类型和用户定义数据类型的详细信息

表 2-2　master 数据库中的常用存储过程和扩展存储过程

存储过程名称	用 　 途
sp_addlogin	添加一个 Login ID
sp_adduser	将一个 Login ID 指定为数据库用户
sp_addtype	创建用户自定义数据类型
sp_databases	列出系统中所有数据库的信息
sp_droplogin	删除一个 Login ID
sp_dropuser	删除一个数据库用户
sp_droptype	删除一个用户自定义数据类型
sp_help	查询数据库中的对象（表或存储过程等）
sp_helpdb	查询当前系统中数据库的信息
sp_helplogins	查询当前系统中 Login ID 的信息
sp_helptext	显示默认值，没有加密的存储过程，用户自定义的存储过程，触发器或视图的文本
sp_password	添加或更改 Login ID 的密码
sp_rename	重命名数据库对象
sp_renamedb	重命名数据库（在单用户模式下执行）
sp_who	查询目前正在访问系统的用户连接
xp_cmdshell	可以完成 DOS 命令下的一些操作
xp_dirtree	查询一个文件夹下的子文件夹和文件
xp_fileexist	用于判断一个文件或文件夹是否存在

2. model 数据库

model 数据库是所有用户数据库和 tempdb 数据库的模板数据库。它含有 master 数据库的所有系统表子集，这些系统数据库是每个用户定义数据库时都需要的。当用户创建新的数据库时，SQL Server 服务器都会将 model 数据库中的内容复制到新的数据库中，其内容是有关数据库结构等重要的信息。

model 数据库的作用是在系统上创建所有数据库的模板。当刚刚完成 SQL Server 2008 安装时，由于 model 数据库本身已经含有一些系统表、视图和存储过程，因此用户刚创建的每个数据库中都包含这些对象。这些系统表的表名也以 sys 开头，其内容是有关数据库的结构等重要信息。

3. msdb 数据库

msdb 数据库存储作业、报警和操作人员的操作信息，主要被 SQL Server Agent 用于进行复制或调度作业、管理报警及排除故障等活动。

4. tempdb 数据库

tempdb 数据库是一个临时数据库，它为所有的临时表、临时存储过程及其他临时操作提供空间。tempdb 数据库由整个系统的所有数据库使用，不管用户使用哪个数据库，所建立的所有临时表和存储过程都存储在 tempdb 上。SQL Server 服务器启动时，tempdb 数据库被重新建立。当用户与 SQL Server 断开连接时，其临时表和存储过程被自动删除。tempdb 数据库保存了所有的临时表和临时存储过程。它还满足了任何其他临时存储需求，如存储 SQL Server 生成的工作表。

使用 tempdb 数据库几乎不需要特殊的权限，无论 SQL Server 2008 中安装了多少个数据库，tempdb 数据库只有一个。几乎所有的查询都有可能用到 tempdb 数据库，因此 tempdb 数据库是 SQL Server 2008 中负担最重大的一个数据库。

> 注意：当 SQL Server 2008 重新启动或断开连接时，tempdb 数据库中的信息会自动重建，无须用户管理，同时 tempdb 数据库永远不需要备份。

2.1.2 数据库对象

一个数据库由若干个基本表组成，表上有约束、规则、索引、触发器、函数、默认值等其他数据库对象，其他数据库对象都是依附于表对象而存在的。

1. 表（table）

一般来说，数据库的结构分为数据库、表以及记录 3 个层次。在一个数据库内最多可包含 2 000 000 个表，而每个表内则存储着数条记录。当设计一个数据库程序时，通常会将所有在程序使用到的表存放在同一个数据库内。

所谓表是指直接由一个数据文件读出的完整数据，也就是代表实际存储的表本身，它通常被视为一个特定信息内容的数据集合。可以将表作为一个二维数组，表中的每一行代表一条记录，而每一列则代表一个字段。

当创建一个表时，必须先考虑这个表的主要用途以及它所必须包含的信息，然后再将这些信息分别定义成不同的字段，字段的设置内容包括字段名称、字段数据类型、字段长度等。

2. 视图（view）

视图并不在数据库中以存储的数据表形式存在，它是一个虚拟表，行和列数据来自由定义视图的查询所引用的表，并且在引用视图时动态生成。视图中的数据来自表的全部或部分数据，也可以取自多张表的全部或部分数据。

建立视图可以简化查询。此外，通过视图还可以实现隐蔽数据库复杂性、为用户集中提取数据、简化数据库用户管理等诸多优点。

SQL Server 2008 中的视图可以分为 3 类：标准视图、分区视图、索引视图。标准视图是视图的标准形式，它组合了一个或多个表的数据，用户可以通过它对数据库进行数据的增加、删除、更新以及查询操作。分区视图是用户可以将来自不同的两个或多个查询结果组合成单一的结果集，在用户看来就像一个表一样。索引视图是通过计算并存储的视图。

为了保障表数据的安全性，在创建视图的时候，其权限控制比较严格。首先，用户需要创建视图，则必须有数据库视图创建的权限，这是视图建立时必须遵循的一个基本条件；其次，在具有创建视图权限的同时，用户还必须具有访问对应表的权限；再次，视图权限的继承问题。例如，该数据库管理员不是表的所有者，但是经过所有者的授权，就可以对这个表进行访问，并可以以此建立视图。

3. 存储过程和触发器

SQL Server 提供了一种方法，它可以将一些固定的操作集中起来由 SQL Server 数据库服务器来完成，以实现某个任务，这种方法就是存储过程。存储过程是一组预先编译好的 Transact-SQL 代码，可以作为一个独立的数据库对象，也可作为一个单元被用户的应用程序调用。

存储过程的种类分为系统存储过程（名字以"sp_"为前缀）、扩展存储过程（名字以"xp_"为前缀）、用户定义的存储过程（名字推荐以"up_"为前缀）。

存储过程的优点具有执行速度快、提高工作效率、规范程序设计、提高系统安全性。存储过程是存储在服务器上预编译好的 SQL 语句集。

SQL Server 2008 提供了两种主要机制来强制业务规则和数据完整性：约束和触发器。

触发器是一种特殊类型的存储过程，当指定的表中数据发生变化时触发器自动生效，调用触发器以响应 INSERT, UPDATE 或 DELETE 语句。

触发器可通过数据库中的相关表实现级联更改。触发器可以强制 CHECK 约束定义更为复杂的约束。与 CHECK 约束不同，触发器可以引用其他表中的列。

4. 其他数据库对象

索引在数据库中的作用类似于目录在书籍中的作用，用来提高查找信息的速度。当数据库中的数据非常庞大时，创建索引非常必要，有助于快速查找数据。索引创建在表中，使用索引查找数据，无须对整表进行扫描，就可以快速找到所需数据。SQL Server 2008 提供了两种索引：聚集索引（Clustered Index，也称聚类索引、簇集索引）和非聚集索引（Nonclustered Index，也称非聚类索引、非簇集索引）。

当然，索引的创建也会带来一些弊端：首先，索引需要占用数据表以外的物理存储空间；其次，创建索引和维护索引也要花费一定的时间；最后，当对表进行更新操作时，索引需要被重建，这样影响了数据的维护速度。

2.1.3　数据库文件和文件组

SQL Server 2008 的数据库由一系列文件所组成。这些文件可以属于不同的文件组。数据库对象都存储在特定的文件中。

1. 数据库文件

在 SQL Server 2000 中，每个数据库均用一组操作系统文件来存放，数据库中的所有数据、对象和数据库操作都存放在这些操作系统文件中。根据这些文件的作用不同，可以分为三类：

（1）主数据文件（Primary）：用来存放数据，每个数据库都必须有一个主数据文件，其后缀为.MDF。主数据文件包含数据库的启动信息，并指向数据库中的其他文件。用户数据和对象可存储在此文件中，也可以存储在次要数据文件中。

（2）次数据文件（Secondary）：用来存放数据，一个数据库可以没有、也可以有多个次要数据文件，其后缀为.NDF。次要数据文件是可选的，由用户定义并存储用户数据。如果数据库很大，则可以建立一个主数据文件和多个次要数据文件，一个数据库最多可以有 32 766 个次要的数据文件。把数据库目录存储在主数据库文件中，把所有的数据和对象存储在次要数据文件上，这样的配置有助于减小磁盘访问竞争。

（3）事务日志文件（Transaction Log）：用来存放事务日志，每个数据库必须有一个或多个事务日志文件，其后缀为.LDF。

一般情况下，一个数据库至少由一个主数据文件和一个事务日志文件组成。也可以根据实际需要，给数据库设置多个次要数据文件和其他日志文件，并将它们放在不同的磁盘上。

注意：通常应将数据文件和事务日志文件分开放置，以保证数据库系统的安全性。

2. 文件组

文件组（File Group）是文件的集合。当一个数据库由多个数据文件组成时，使用文件组可以合理地组合、管理数据文件。

文件组允许多个数据库文件组成一个组，并对它们的整体进行管理。比如，可以将 3 个数据文件分别创建在 3 个磁盘上，这 3 个文件组成文件组 fgroup1，在创建表的时候，就可以指定一个表创建在文件组 fgroup1 上。这样该表的数据就可以分布在 3 个磁盘上，在对该表执行查询时，可以并行操作，大大提高了查询效率。

SQL Server 的数据库文件和文件组必须遵循以下规则：

（1）一个文件和文件组只能被一个数据库使用。

（2）一个文件只能属于一个文件组。

（3）数据和事务日志不能共存于同一文件或文件组上。

（4）事务日志文件不能属于文件组。

2.2　创建和管理数据库

使用 SQL Server 2008 管理数据的第一步就是创建数据库，然后才能在数据库创建表、视图等各种数据库对象。

引例　学生成绩管理数据库

某学校为了方便对学生成绩进行信息化管理，建立了学生成绩管理系统，用来存放学生的基本信息，课程的基本信息以及学生的成绩信息。要在计算机中保存这些信息，应该创建学生成绩管理数据库 student。数据库中应包括学生信息表、课程信息表和成绩表 3 个表用以存放信息。

学生信息表如图 2-1 所示，包括学号、姓名、性别、出生日期、班级编号、系别。

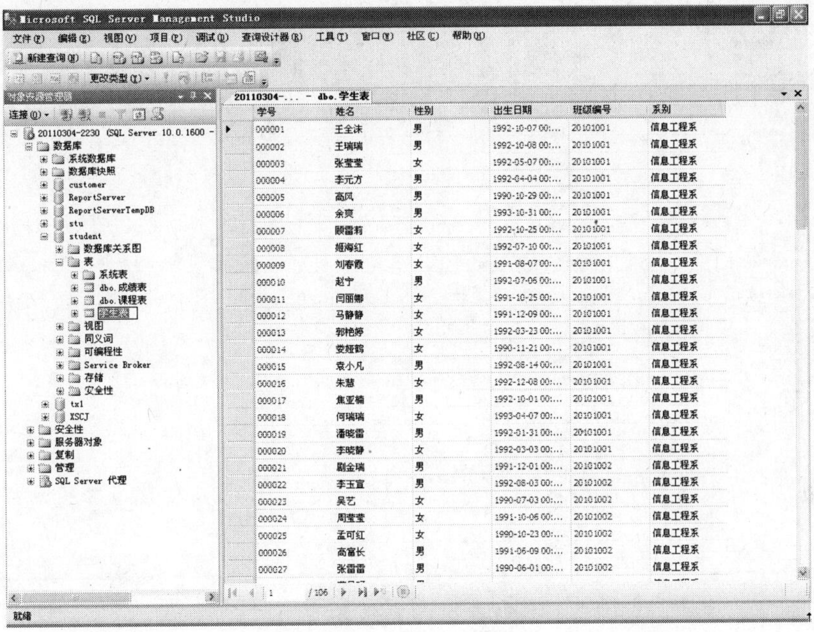

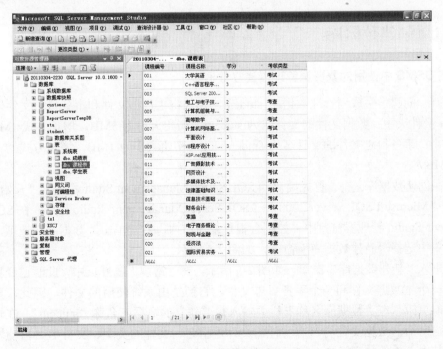

图 2-1　学生信息表

课程信息表如图 2-2 所示，包括课程编号、课程名称、学分、考核类型。

图 2-2　课程信息表

成绩表如图 2-3 所示，包括学号、课程编号和成绩。

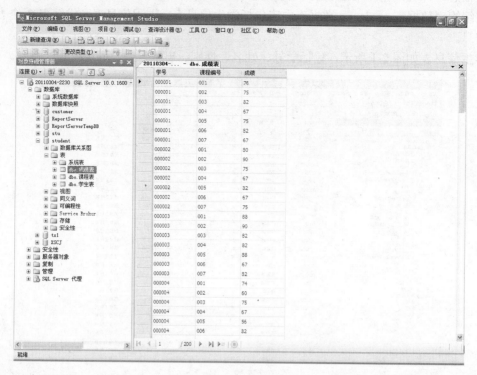

图 2-3　成绩表

因为数据是存储在表中，而表又是包含在数据库中的，所以首先要建立学生成绩管理数据库 student。

2.2.1　创建数据库

1. 在 SSMS 中使用对象资源管理器建立数据库

例 2-1　创建学生成绩管理数据库 student，要求将主数据文件和事务日志文件创建在 D 盘 mydata 文件夹中；数据文件的文件名为 student，初始大小为 5MB，增长方式 1MB，不限制最大大小；事务日志文件的文件名为 student_log，初始大小为 1MB，增长方式为 10%，最大大小 5MB。

（1）在创建数据库之前，首先要启动 SQL Server Management Studio，选择"开始"→"所有程序"→"Microsoft SQL Server 2008"→"SQL Server Management Studio"命令。在 SQL Server Management Studio 管理器窗口中，控制台根目录窗口内，右键单击"数据库"选项，在弹出的快捷菜单中选择"新建数据库"命令，如图 2-4 所示。

（2）进入"新建数据库"窗口，如图 2-5 所示，在"常规"属性页中，此时已经默认存在未命名的一个主数据文件和一个事务日志文件，它们是由系统使用的文件，因此，其类型和文件组不能更改。在"数据库名称"栏中输入想要建立的数据库名称"student"。在输入的同时，系统自动命名数据文件与日志文件的文件逻辑名、文件的类型、文件组、自动增长和默认路径。其中，文件的逻辑名、初始大小、自动增长及路径可以由用户自行设置。

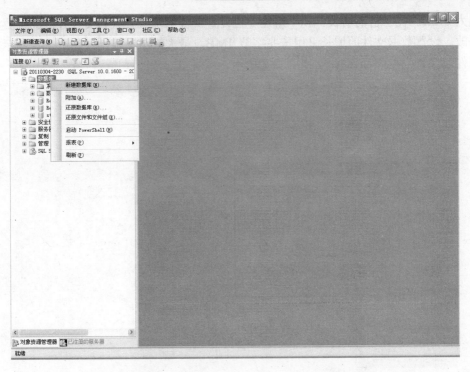

图 2-4　Microsoft SQL Server Management Studio 管理器

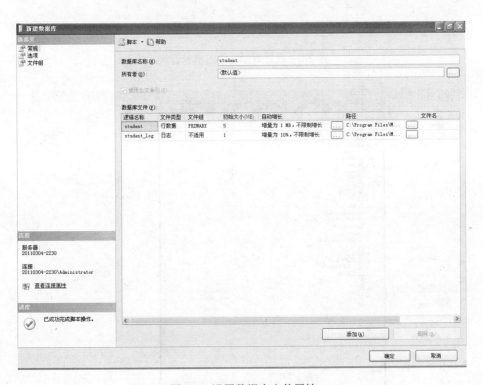

图 2-5　设置数据库文件属性

（3）对数据库文件的属性进行设置。如图 2-5 所示，在"逻辑名称"和"初始大小"栏可以设置文件名和初始大小。本例采用系统默认的数据库文件名"student"，数据文件的初始大小设置为 3MB。在"自动增长"和"路径"栏设置文件的增长方式和文件存放的位置，可以进行修改。设置数据文件的增长采用按兆字节 1MB，最大大小不限制，如图 2-6 所示。指定数据文件的位置为"D:\mydata"，如图 2-7 所示。

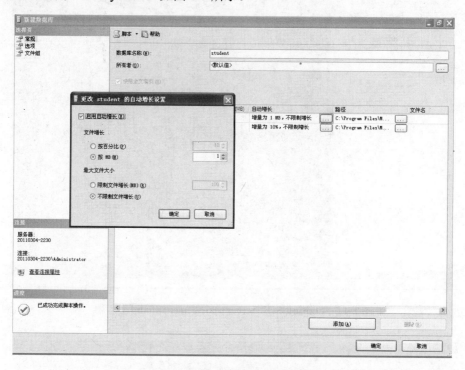

图 2-6　设置数据文件的增长方式

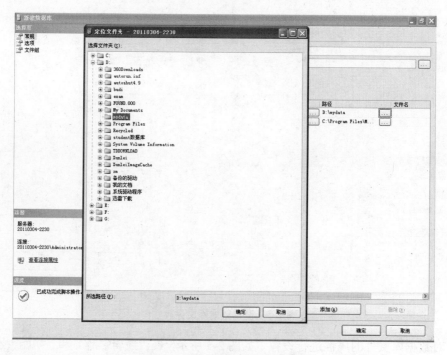

图 2-7　指定数据文件的位置

（4）对事务日志文件的属性进行设置，设置方法与数据文件设置类似。如图 2-5 所示，采用系统默认的事务日志文件名"student_log"，初始大小设置为 1MB。设置事务日志文件的增长采用按百分比 10%，增长的最大值限制在 5MB，如图 2-8 所示。指定事务日志文件的位置为"D:\mydata"，如图 2-9 所示。

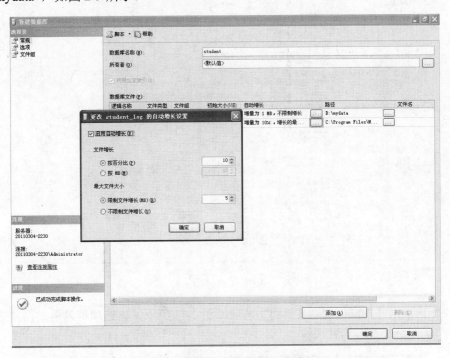

图 2-8　设置事务日志文件的增长方式

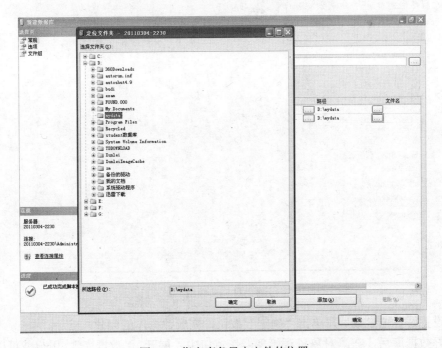

图 2-9　指定事务日志文件的位置

（5）"新建数据库"窗口的"选项"选项如图 2-10 所示，该选项可以用来设置数据库的排序规则、恢复模式、兼容级别，恢复、游标、杂项、状态和自动选项。

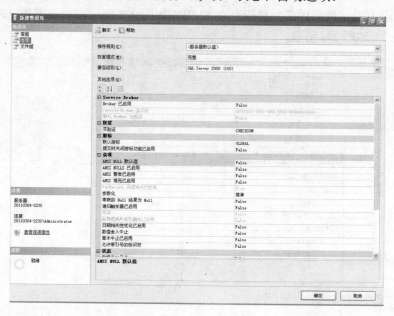

图 2-10　选项

（6）"新建数据库"窗口的"文件组"选项如图 2-11 所示，该选项可以用来设置或添加数据库文件和文件组及是否为默认值。

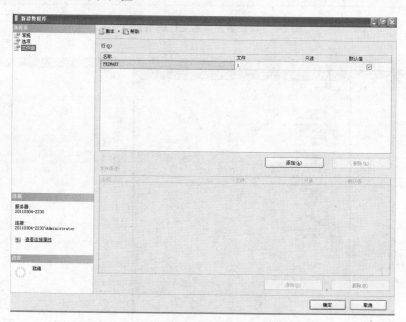

图 2-11　文件组

（7）设置好各项参数后，单击"确定"按钮，完成数据库的创建。

创建好数据库后，在"对象资源管理器"窗口中，展开 "数据库"，用户就可以看到新建立的数据库 student。

注意：*本例在创建数据库之前，首先要先在 D 盘上创建 mydata 文件夹，然后才能把数据库创建到此路径下。*

2. 在查询编辑器窗口中用 T-SQL 语句创建数据库

在 SQL Server 2008 中，也可用 CREATE DATABASE 语句来创建一个新数据库和存储该数据库文件。其语法为：

```
CREATE DATABASE <数据库名>
[ON
{[PRIMARY] (NAME=<数据文件逻辑文件名>,
FILENAME='<数据文件物理文件名>'
[,SIZE=<数据文件初始大小>]
[,MAXSIZE=<数据文件容量最大值>]
[,FILEGROWTH=<数据文件增量>])
}[,…n]
]
[LOG ON
{ (NAME=<事务日志文件逻辑文件名>,
FILENAME='<事务日志文件物理文件名>'
[,SIZE=<事务日志文件初始大小>]
[,MAXSIZE=<事务日志文件容量最大值>]
[,FILEGROWTH=<事务日志文件增量>])
}[ ,…n]
]
```

其中：

- 数据库名：表示为数据库取的名字，在同一个服务器内数据库的名字必须唯一。数据库的名字必须符合 SQL Server 系统的标识符命名标准，即最大不得超过 128 个字符。
- PRIMARY：该选项用于指定主文件组中的文件。一个数据库只能有一个主文件。如果没有使用 PRIMARY 关键字，默认列在语句中的第一个文件即为主文件。
- NAME：指定文件的逻辑名称，这是在 SQL Server 系统中使用的名称，是数据库在 SQL Server 中的标识。
- FILENAME：指定数据库所在文件的物理名称，即创建文件时由操作系统使用的路径和文件名。路径必须存在。
- SIZE：指定数据库文件的初始容量大小。指定大小的数字 size 可以使用 KB、MB 后缀，默认的后缀为 MB。Size 中不能使用小数，其最小值为 512KB，默认值为 1MB。如果没有指定主文件的大小，则 SQL Server 默认为 1MB。主文件的 size 不能小于 1MB。
- MAXSIZE：指定文件可以增长到的最大尺寸。计量单位为 MB 或 KB。可以不指定计量单位，则系统默认为 MB。如果没有指定可以增长的最大尺寸，则文件可以不断增长直到充满整个磁盘空间。
- FILEGROWTH：指定文件增量的大小，当指定数据为 0 时，表示文件不增长。如果没有指定 FILEGROWTH，则默认值为 10%，每次扩容的最小值为 64KB。

注意：[ ]内的参数是可以省略的，如果在创建数据库时没有指定变量，那么将采用默认值。

例 2-2 使用 CREATE DATABASE 语句创建一个简单的数据库 exam1。

实现步骤如下：

（1）启动 SQL Server Management Studio，在对象资源管理器中连接到 SQL Server 数据库引擎。

（2）在工具栏上单击"新建查询"按钮，如图 2-12 所示。

图 2-12　新建查询

（3）在打开的查询编辑器窗口中输入以下 SQL 语句。

CREATE DATABASE exam1

（4）输入完毕后，从"查询"菜单中选择"执行"命令，或者在工具栏上单击"执行"按钮或者按 F5 键，执行 SQL 脚本文件。

执行完以上语句后，系统会创建一个新的没有任何内容的数据库，名称为"exam1"，由于创建时没有指定主数据文件和事务日志文件等信息，系统以默认值设置。

注意：T-SQL 语句为自由格式语句，不区分大小写，可以随意分行。为了阅读方便，本书中所有 T-SQL 语句的关键字均采用大写，其余字符小写。

例 2-3 创建名为 exam2 的数据库。要求创建在 D 盘的 mydata 文件夹下，主数据文件名为 exam2_data.mdf，事务日志文件名为 exam2_log.ldf。

在查询编辑器窗口中通过执行以下语句可以创建此数据库。

```
CREATE DATABASE exam2
ON
(NAME=exam2_data,
FILENAME='D:\mydata\exam2_data.mdf')
LOG ON
(NAME= exam2_log,
FILENAME='D:\mydata\exam2_log.ldf')
```

程序运行结果如图 2-13 所示。

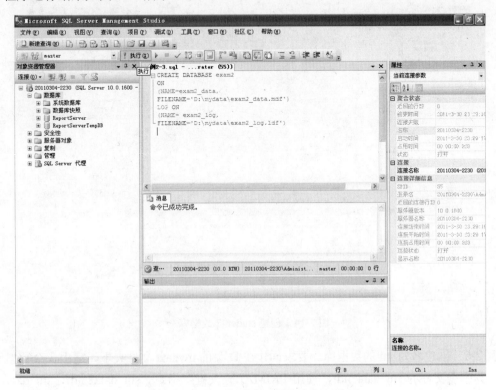

图 2-13　创建 exam2 数据库程序运行结果

注意：命令中的非汉字字符均应为西文字符，包括标点符号。

例 2-4　使用 T-SQL 语句创建和"例 2-1"中的数据库参数相同的数据库 student2。在查询编辑器窗口中通过执行以下语句可以创建此数据库。

使用的语句如下：

```
CREATE DATABASE student2
ON
(NAME=student2_data,
FILENAME='D:\mydata\student2_data.mdf',
SIZE=5MB,
FILEGROWTH=1MB)
LOG ON
(NAME=student2_log,
FILENAME='D:\mydata\student2_log.ldf',
```

```
SIZE=1MB,
MAXSIZE=5MB,
FILEGROWTH=10%)
```

运行结果如图 2-14 所示。

图 2-14　创建 student2 数据库

例 2-5　创建名为 stu 的数据库。要求创建在 D 盘的 mydata 文件夹下，它由 3 个数据文件组成，其中主文件为 stu_data.mdf，使用 PRIMARY 关键字指定。stu_data2.ndf，stu_data3.ndf是次数据文件，尺寸分别为 5MB、3MB、2MB。事务日志文件有两个，文件名为 stu_log.ldf，stu_log2.ldf，尺寸分别为 3MB、2MB。数据库文件的文件增量为 1MB，事务日志文件的增量为 10%，最大尺寸均为 10MB。

可以在查询编辑器窗口中通过执行以下语句创建此数据库。

```
CREATE DATABASE stu
ON
PRIMARY (NAME=stu_data,
FILENAME='D:\mydata\stu_data.mdf',
SIZE=5MB,
MAXSIZE=10MB,
FILEGROWTH=1MB),
(NAME=stu_data2,
FILENAME='D:\mydata\stu_data2.ndf',
SIZE=3MB,
MAXSIZE=10MB,
FILEGROWTH=1MB),
```

```
(NAME=stu_data3,
FILENAME='D:\mydata\stu_data3.ndf',
SIZE=3MB,
MAXSIZE=10MB,
FILEGROWTH=1MB)
LOG ON
(NAME=stu_log,
FILENAME='D:\mydata\stu_log.ldf',
SIZE=3MB,
MAXSIZE=10MB,
FILEGROWTH=10%),
(NAME=stu_log2,
FILENAME='D:\mydata\stu_log2.ldf',
SIZE=2MB,
MAXSIZE=10MB,
FILEGROWTH=10%)
```

程序运行结果如图 2-15 所示。

图 2-15　创建 stu 数据库

2.2.2　修改数据库

在 SQL Server 中，创建数据库后，可以对其原始定义进行修改。

1. 在 SSMS 中使用对象资源管理器修改数据库

（1）启动 SQL Server Management Studio，展开对象资源管理器中的"数据库"，指向要修改的数据库，单击鼠标右键，在快捷菜单中选择"属性"命令，打开相应的数据库"属性"

对话框，如图 2-16 所示。

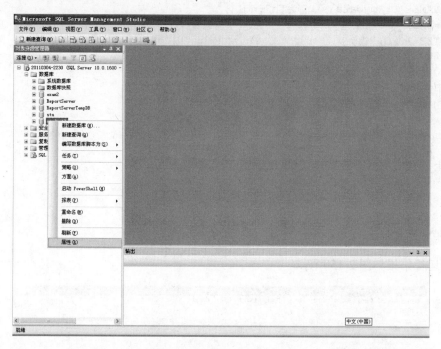

图 2-16　选择"属性"命令

（2）单击"文件"选择页，可以对构成该数据库的数据文件和事务日志文件的属性进行修改，设置属性的方法和创建数据库时类似，如图 2-17 所示。其他选择页可以修改数据库的其他属性。

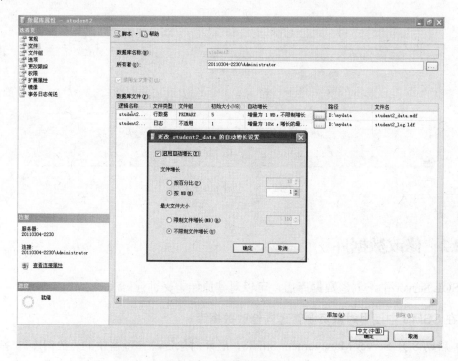

图 2-17　修改数据库属性

（3）单击"确定"按钮，完成数据库的修改。

2. 使用 T-SQL 语句修改数据库

修改数据库语句的基本语法格式如下：

```
ALTER DATABASE <数据库名>
{ADD FILE <文件格式> [,…n][TO FLEGROUP<文件组名>]
| ADD LOG FILE <文件格式>[,…n]
| REMOVE FILE <逻辑文件名>
| ADD LOG FILEGROUP <文件组名>
| REMOVE FILE GROUP <文件组名>
| MODIFY FILE <文件格式>
| MODIFY FILE GROUP  <文件组名><文件组属性>
}
<文件格式>::=
(NAME=<逻辑文件名>
[,FILENAME='<物理文件名>']
[,SIZE=<文件大小>]
[,MAXSIZE=<文件容量最大值>|UNLIMITED]
[,FILEGROWTH=<文件增量>])
```

其中，各个子句的含义如下。

ADD FILE：指定要添加的数据文件。

TO FILEGROUP：指定将文件添加到哪个文件组中。

ADD LOG FILE：指定添加的事务日志文件。

REMOVE FILE：指定从数据库中删除的文件。

ADD LOG FILEGROUP：指定添加的文件组。

REMOVE FILEGROUP：指定从数据库中删除的文件组且一并删除该组中的所有文件。

MODIFY FILE：指定如何修改给定文件（包括 FILENAME、SIZE、MAXSIZE、FILEGROWTH 等选项，且一次只能修改一个选项）。

MODIFY FILEGROUP：指定将文件组属性应用于该文件组。

例 2-6 将例 2-3 中创建的数据库 exam2 的主数据文件的大小调整为 15MB。

在查询编辑器窗口中输入以下 T-SQL 语句并执行，结果如图 2-18 所示。

```
ALTER DATABASE exam2
MODIFY FILE
(NAME=exam2_data,
SIZE=15MB)
```

图 2-18　使用 T-SQL 语句修改数据库

2.2.3　删除数据库

1.在 SSMS 的对象资源管理器中删除数据库

（1）启动 SQL Server Management Studio，展开对象资源管理器中的"数据库"，指向要修改的数据库，单击鼠标右键，在快捷菜单中选择"删除"命令，打开"删除对象"窗口，如图 2-19 所示。

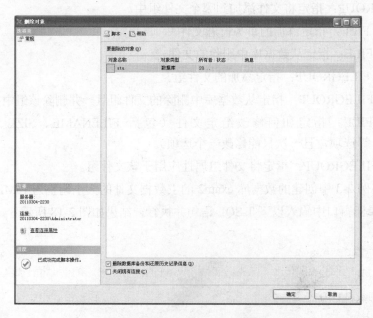

图 2-19　"删除对象"窗口

（2）单击"确定"按钮，完成数据库的删除。

注意：不能删除系统数据库和当前正在使用的数据库。

2. 使用 T-SQL 语句删除数据库

删除数据库语句的基本语法格式如下：

```
DROP DATABASE <数据库名>[,…n]
```

例 2-7　删除数据库 exam2。

在查询编辑器窗口中输入以下 T-SQL 语句并执行，结果如图 2-20 所示。

```
DROP DATABASE exam2
```

图 2-20　断使用 T-SQL 语句删除数据库

2.2.4　重命名数据库

重命名数据库可以通过执行系统存储过程 sp_renamedb 来实现，其基本语法格式如下：

```
sp_renamedb |<旧数据库名>|,|<新数据库名>|
```

注意：系统数据库和当前正在使用的数据库不能重命名。

例 2-8　将数据库 student2 更名为"学生数据库"。

在查询编辑器窗口中输入以下 T-SQL 语句并执行，如图 2-21 所示。

```
sp_renamedb 'student2','学生数据库'
```

图 2-21　重命名数据库

2.2.5　生成数据库脚本文件

脚本是以文件方式保存的一条或多条 T-SQL 语句，是保存和执行 T-SQL 语句的一种常用方法。生成数据库脚本文件后，如果需要重新生成该数据库，可以打开并执行该脚本文件。

（1）启动 SQL Server Management Studio，展开对象资源管理器中的"数据库"，指向要生成数据库脚本的数据库，单击鼠标右键，选择"编写数据库脚本为"，选择"CREATE 到""文件"，如图 2-22 所示。

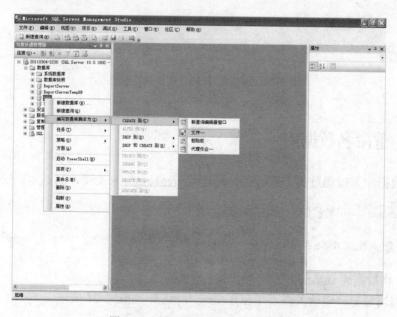

图 2-22　生成脚本文件的打开步骤

（2）在弹出的"另存为"对话框中，指定脚本文件名及保存类型、存放路径，单击"保存"按钮，如图 2-23 所示，生成指定数据库脚本文件。

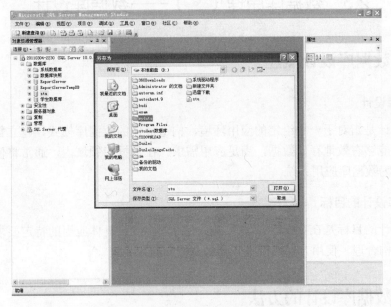

图 2-23　指定脚本文件的名称和位置

我们还可以把在查询编辑器中书写好的 T-SQL 语句保存成脚本文件，以后可以重新打开执行。书写好 T-SQL 语句后，单击工具栏上的"保存"按钮，在弹出的"另存文件为"对话框中设置脚本文件名及保存类型、存放路径，单击"保存"按钮，如图 2-24 所示，保存成脚本文件。

注意：脚本文件为文本文件的默认扩展名为.sql，一般不改变脚本文件的扩展名。

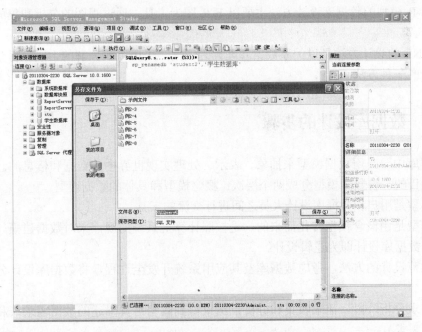

图 2-24　把书写好的语句保存成脚本文件

2.3　数据库原理（二）——数据库设计

2.3.1　数据库设计概述

1. 数据库设计

数据库设计是指对于一个给定的应用环境，构造最佳的数据库模式，建立数据库及其应用系统，使之能够有效地存储数据，满足应用需求。在数据库领域内，通常将使用数据库的各种系统统称为数据库应用系统。

2. 数据库设计的目标

数据库设计的目标是在数据库管理系统的支持下，按照具体应用的特定要求，为某一应用设计一个结构合理、使用方便、效率较高的数据库应用系统。

2.3.2　数据库设计的方法

在数据库设计方法中，比较著名的有新奥尔良方法，该方法将数据库设计分为四个阶段进行：需求分析（分析用户要求）、概念设计（信息分析和定义）、逻辑设计（设计过程实现）和物理设计（物理数据库设计）。

随后的 S.B.Yao 方法又将数据库设计分为 6 个步骤：需求分析、模式构成、模式汇总、模式重构、模式分析和物理数据库设计。

基于 E-R 模型的数据库设计方法主要以 E-R 图为工具，通过视图的分析和集成来对数据库进行设计。

基于 3NF 的设计方法是以关系数据库理论为依据，采用范式分解的手段，对数据库进行分析、设计的一种方法。

2.3.3　数据库设计的步骤

在数据库中，是用数据模型来抽象、表示、处理实现世界中的数据和信息的。根据模型应用的不同目的，将数据模型分成两个层次：概念模型和具体的数据模型。

概念模型是用户和数据库设计人员之间进行交流的工具。

数据模型是由概念模型转化而来的，是按照计算机系统的观点来对数据建模。产生具体数据模型的数据库设计即为逻辑设计。

按照规范设计的方法，考虑数据库及其应用系统开发全过程，将数据库设计分为以下 6 个阶段：

（1）需求分析阶段。需求收集和分析，结果得到数据字典描述的数据需求（和数据流图描述的处理需求）。

（2）概念结构设计阶段。通过对用户需求进行综合、归纳与抽象，形成一个独立于具体

DBMS 的概念模型，可以用 E-R 图表示。

（3）逻辑结构设计阶段。将概念结构转换为某个 DBMS 所支持的数据模型（例如关系模型），并对其进行优化。

（4）数据库物理设计阶段。为逻辑数据模型选取一个最适合应用环境的物理结构（包括存储结构和存取方法）。

（5）数据库实施阶段。运用 DBMS 提供的数据语言（例如 SQL）及其宿主语言（例如 C），根据逻辑设计和物理设计的结果建立数据库，编制与调试应用程序，组织数据入库，并进行试运行。

（6）数据库运行和维护阶段。数据库应用系统经过试运行后即可投入正式运行。在数据库系统运行过程中必须不断地对其进行评价、调整与修改。

本章小结

本章讲解 SQL Server 2008 数据库的相关知识，主要内容如下：

- 数据库基础知识
- SQL Server 2008 数据库的构成
- SQL Server 2008 数据库的对象
- SQL Server 2008 数据库的创建方法
- SQL Server 2008 数据库脚本的生成
- 数据库的设计步骤

通过本章的学习，读者应该了解数据库的相关知识和 SQL Server 2008 数据库的构成，重点掌握如何根据需要创建 SQL Server 2008 数据库，并对其进行有效的管理。

习题 2

一、选择题

1. 每个数据库有且只能有一个（　　）。

A．次数据文件　　　　B．主数据文件　　　　C．日志文件　　　　D．其他

2. 如果数据库中的数据量非常大，除了存储在主数据文件外，还可以将一部分数据存储在（　　）。

A．次数据文件　　　　B．主数据文件　　　　C．日志文件　　　　D．其他

3. 使用下列哪种语句可以创建数据库（　　）。

A．CREATE　DATABASE　　　　　　　　B．CREATE　TABLE

C．ALTER　DATABASE　　　　　　　　　D．ALTER TABLE

4. 使用下列哪种语句可以修改数据库（　　）。

A．CREATE　DATABASE　　　　　　　　B．CREATE　TABLE

C．ALTER　DATABASE　　　　　　　　　D．ALTER TABLE

5. 使用下列哪种语句可以删除数据库（　　　）。

　　A．DROP　DATABASE　　　　　　　　　B．CREATE　TABLE

　　C．ALTER　DATABASE　　　　　　　　　D．DROP　　TABLE

二、填空题

1. 从物理结构层次上说，SQL Server2000 数据库是由两个或多个文件组成的，根据文件的作用，可以将这些文件分三类：＿＿＿＿＿＿＿、＿＿＿＿＿＿＿和＿＿＿＿＿＿＿。

2. 一般情况下，一个数据库至少由＿＿＿个主数据文件和＿＿＿个事务日志文件组成。

3. 数据库的主数据文件名为＿＿＿＿＿＿＿，日志文件名为＿＿＿＿＿＿＿＿。

4. 在完成 SQL Server 安装后，系统即会自动创建 4 个系统数据库。它们分别是＿＿＿＿＿、＿＿＿＿＿＿、＿＿＿＿＿、＿＿＿＿＿。其中，＿＿＿＿＿＿是最重要的系统数据库。

三、问答题

1. 简述数据库文件的分类及特点。

2. 简述系统数据库的作用。

实训 2　创建和管理数据库

实训目的：掌握 SQL Server 2008 中创建和管理数据库的方法。

操作步骤：

（1）完成例 2-1~例 2-8。

（2）创建默认参数数据库 example。

（3）更改 example 数据库的主数据文件的大小为 5MB。

（4）把数据库 example 重命名为"示例数据库"。

（5）删除"示例数据库"。

（6）创建职工管理数据库 ZGGL，要求：主数据文件名为 ZGGL_data.MDF，存放在 C:\目录下，初始值大小为 5MB，增长方式为按照 10%的比例增长；次数据文件名为 ZGGL_data1.NDF 和 ZGGL_data2.NDF，都存放在 D:\目录下，初始大小为 3MB，增长方式为按 2MB 的增量增长；日志文件名为 ZGGL_log.LDF，都存放在 E:\目录下，初始大小为 3MB，增长方式为按照 1MB 的增量增长。

要求在 SSMS 中使用对象资源管理器或者 T-SQL 语句两种方法完成。

第 3 章

表的创建和管理

本章要点

➤ 掌握表结构的创建
➤ 掌握表中数据的维护
➤ 了解关系模型及相关的概念
➤ 掌握函数依赖及关系模式的 3 个范式
➤ 掌握关系模式的规范化

表是数据库中最重要的基础对象，它包含数据库中的所有数据，其他数据库对象（如索引和视图等）都是依赖于表而存在的。若要使用数据库来存储和组织数据，首先就需要创建表。本章介绍如何设计和实现表，如何创建和修改表，如何操纵表中的数据。另外，讨论关系规范化理论中的函数依赖和范式。

3.1　实现数据组织方式——建立表结构

在 SQL Server 2008 中，数据是存储在表中的。要在数据库中存储数据，首先需要在数据库中建立表。在 SQL Server 2008 中，可以使用 SSMS 中使用表设计器图形工具创建表或者使用 Transact-SQL 语句创建、修改和删除表。

引例　创建学生通信录

分析：要保存学生通信录，则首先创建数据库 tx1，然后在其中创建用于保存通信录的表，命名为"学生通信录"。

（1）启动 SSMS，在对象资源管理器中，连接到数据库引擎，然后展开该实例。

（2）展开左侧子窗口中的数据库 tx1，指向"表"结点，单击鼠标右键，在快捷菜单中选择"新建表"命令，打开表设计器窗口，如图 3-1 所示。

（3）在"列名"文本框中输入列名，在"数据类型"文本框中选择列的数据类型和长度，即 number char 10，name char 8，sex char 2，birthday　datetime，　mobile char 15，qq char 12，email char 40，address char 50，如图 3-2 所示。

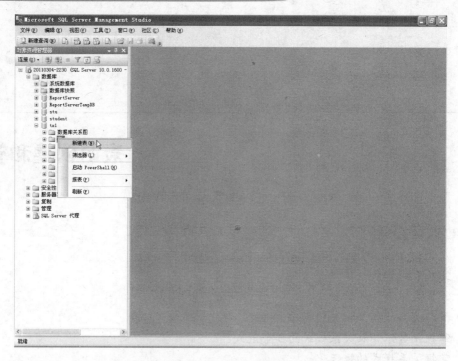

图 3-1　表设计器窗口

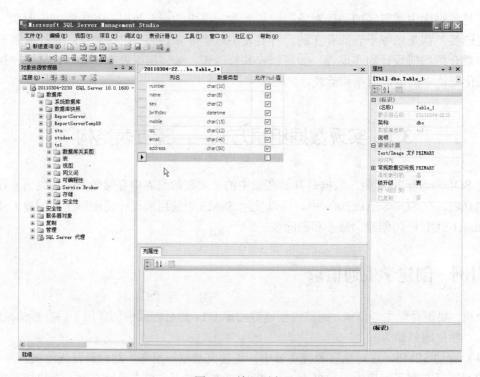

图 3-2　输入列名

（4）指定主键，即单击 number 前面的按钮选中列 number，再单击工具栏上的"设置主键"按钮，即将 number 设置为主键，如图 3-3 所示。

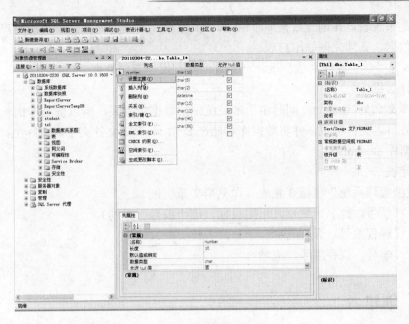

图 3-3 设置主键

（5）单击工具栏上的"保存"图标，打开"选择名称"对话框，在"输入表名"文本框中输入表名"学生通信录"，如图 3-4 所示。

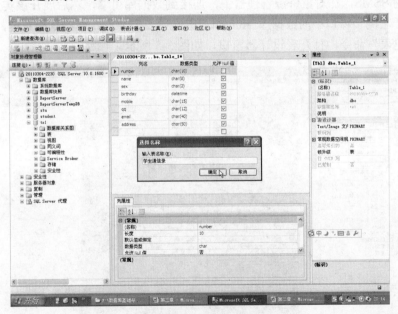

图 3-4 输入表名并保存

（6）单击"确定"按钮，完成表的创建。

3.1.1 表的概念

表是数据库中用于存储数据的数据对象，数据只能存储在表中。SQL Server 2008 中有两类表，一类是系统表，在创建数据库时由 model 数据库复制而得；另一类是用户表。要利用数据库存储数据，必须先创建用户表。

例 3-1　为"学生选课系统"设计一个数据库，用于存储数据。

（1）设计数据库

将数据库命名为 student，同时由于本系统中的数据量有限，所以数据库由一个主数据文件和一个事务日志文件构成，并将数据库存储在 D 盘 mydata 文件夹下。实际上，例 2-1 中已经创建了数据库 student。

（2）设计表

"学生成绩管理系统"包括 3 张表（详见第 2 章引例）。

学生表：（学号，姓名，性别，出生日期，班级编号，系别）。

课程表：（课程编号，课程名称，学分，考核类型）。

成绩表：（学号，课程编号，成绩）。

3.1.2　创建表

1. 在 SSMS 中使用对象资源管理器创建表

例 3-2　在 student 数据库中创建"学生表"。

（1）启动 SSMS，在对象资源管理器中，连接到数据库引擎，然后展开该实例。

（2）展开左侧子窗口中的数据库 student，指向"表"节点，单击鼠标右键，在快捷菜单中选择"新建表"命令，打开表设计器窗口，如图 3-5 所示。

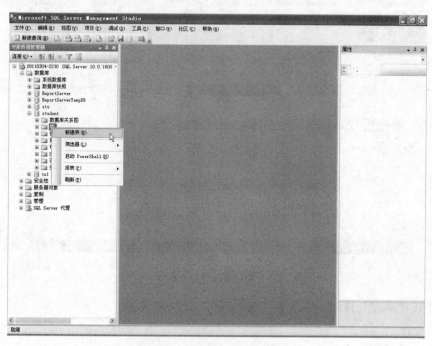

图 3-5　打开表设计器窗口

（3）在"列名"文本框中输入列名，在"数据类型"文本框中设置列的数据类型和长度，即学号 char（10），姓名 char（10），性别 char（2），出生日期 datetime，班级编号 char（8），系别 char（16）。然后指定学号为主键，如图 3-6 所示。

注意：数据类型和长度要符合实际需求，在选择长度时要注意一个汉字占用两个字节。

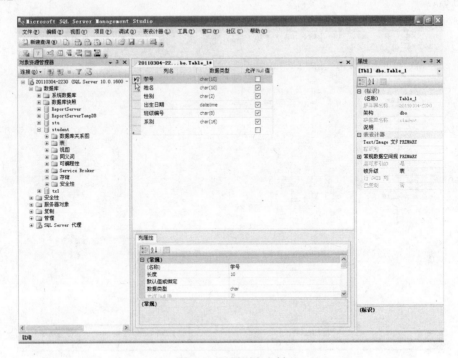

图 3-6　设置列和主键

（4）单击工具栏上的"保存"图标，打开"选择名称"对话框，在"输入表名"文本框中输入表名"学生表"，单击"确定"按钮，完成表的创建。

2. 在查询编辑器窗口中用 T-SQL 语句创建表

创建表语句的基本语法格式如下：

```
CREATE TABLE[<数据库名>.]<表名>
(<列名><数据类型>[<列级完整性约束>][,…n][<表级完整性约束>])
```

在 SQL Server 2000 中，数据完整性约束包括：

（1）主键完整性约束（Primary）：保证列值的唯一性，且不允许其值为 NULL。

（2）唯一完整性约束（Unique）：保证列值的唯一性。

（3）外键完整性约束（Foreign）：保证列值只能取参照表的主键或唯一键的值或 NULL。

（4）非空完整性约束（Not Null）：保证列值非 NULL。

（5）默认完整性约束（Default）：指定列的默认值。

（6）检查完整性约束（Check）：指定列的取值范围。

注意：NULL 不表示空或 0，而是表示"不确定"，所以 NULL 与任何值进行运算的结果均为 NULL。

例 3-3 在 student 数据库中创建例 3-1 中的"学生表"、"课程表"和"成绩表"。

在查询编辑器窗口中通过执行以下语句可以创建 3 个表。

在查询编辑器中输入以下 Transact-SQL 语句并执行，创建 3 个表并分别指定主键，如图 3-7 所示。

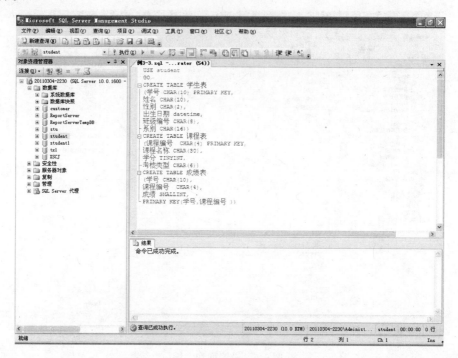

图 3-7　T-SQL 语句创建表

使用的语句如下。

```
USE student
GO
CREATE TABLE 学生表
(学号 CHAR(10) PRIMARY KEY,
姓名 CHAR(10),
性别 CHAR(2),
出生日期 datetime,
班级编号 CHAR(8),
系别 CHAR(16))
CREATE TABLE 课程表
(课程编号  CHAR(4) PRIMARY KEY,
课程名称 CHAR(30),
学分 TINYINT,
考核类型 CHAR(6))
CREATE TABLE 成绩表
(学号 CHAR(10),
课程编号  CHAR(4),
成绩 SMALLINT,
PRIMARY KEY(学号,课程编号 ))
```

注意：工具栏上的数据库表示当前数据库，表将创建在该数据库中，如果要改变当前数据库，可单击下拉式列表选择。本例中因为要创建到 student 数据库中，所以要选择 student 数据库。此操作与 USE　student　GO 语句是等价的。

例 3-4　在数据库 customer 中，有 4 个表，其结构如下：

供应商表：s（<u>sno</u>, sname, status, addr）。

零件表：p（<u>pno</u>, pname, color, weight）。

工程项目表：j（<u>jno</u>, jname, city, balance）。

供应情况表：spj（<u>sno</u>, <u>pno</u>, <u>jno</u>, price, qty）。

分别创建表 s、p、j、spj。其中，表 spj 中的 sno、pno、jno 是外键，分别参照表 s、p、j 中的主键 sno、pno、jno。

在查询编辑器中输入 Transact-SQL 语句并执行，结果如图 3-8 所示。

图 3-8　创建表并指定主键和外键

使用的语句如下。

```
CREATE TABLE s
(sno CHAR(4) PRIMARY KEY,
sname CHAR(20) NOT NULL,
status CHAR(10),
addr CHAR(20))
CREATE TABLE p
(pno  CHAR(4) PRIMARY KEY,
pname CHAR(20) NOT NULL,
color CHAR(8),
weight SMALLINT)
CREATE TABLE j
```

```
(jno CHAR(4) PRIMARY KEY,
jname  CHAR(20) NOT NULL,
city CHAR(20),
balance NUMERIC(7,2))
CREATE TABLE spj
(sno CHAR(4) NOT NULL,
pno  CHAR(4) NOT NULL,
jno CHAR(4) NOT NULL,
price NUMERIC(7,2),
qty SMALLINT,
PRIMARY KEY(sno,pno,jno),
FOREIGN KEY(sno) REFERENCES s(sno),
FOREIGN KEY(pno) REFERENCES p(pno),
FOREIGN KEY(jno) REFERENCES j(jno),
CHECK(qty BETWEEN 0 AND 100))
```

注意：主键由 PRIMARY KEY 指定，外键由 FOREIGN KEY 指定，检查约束由 CHECK 指定，用于保证数据的完整性。

3.1.3 修改表

1. 在 SSMS 中使用对象资源管理器修改表

（1）启动 SSMS，展开左侧子窗口中的数据库，指向需要修改的表，单击鼠标右键，在快捷菜单中选择"设计"命令，打开表设计窗口，如图 3-9 所示。

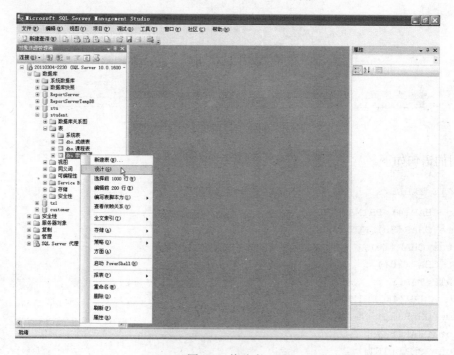

图 3-9　修改表

（2）编辑各列的列名、数据类型和长度。

（3）单击工具栏上的"保存"按钮，完成表的修改。

例 3-5 对于"学生表"，定义列"班级编号"的非空完整性约束，列"性别"的默认完整性约束（默认值为"男"）。

（1）启动 SSMS，展开左侧子窗口中的数据库 student，指向"学生表"，单击鼠标右键，在快捷菜单中选择"设计"命令，打开表设计窗口。

（2）单击"班级编号"行对应的"允许空"列，取消选定，设置"班级编号"的非空完整性约束；单击"性别"行，在下方"列属性"选项卡的"默认值或绑定"框中输入"男"，设置"性别"列的默认完整性约束，如图 3-10 所示。

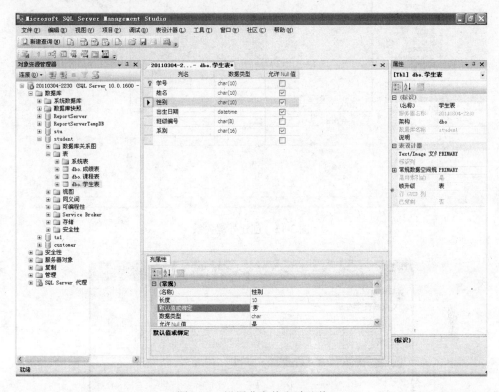

图 3-10 设置非空值和默认值

（3）单击工具栏上的"保存"按钮，完成完整性约束的设置。

例 3-6 对于"成绩表"，定义列"学号"为外键，参照"学生表"中的列"学号"；定义列"课程编号"为外键，参照"课程表"中的列"课程编号"。

方法一：

（1）启动 SSMS，展开左侧子窗口中的数据库 student，指向"成绩表"，单击鼠标右键，在快捷菜单中选择"设计"命令，打开表设计窗口。

（2）单击工具栏上的"管理关系"图标，单击"添加"按钮。在弹出的"外键关系"对话框中展开"表和列规范"，并单击其右侧的按钮，如图 3-11 所示。

（3）在弹出的"表和列"对话框的"主键表"下拉列表框中选择"学生表"，列名选择"学号"，"外键表"的列名选择"学号"，即设置"成绩表"中的"学号"参照"学生表"的"学号"，建立外键完整性约束，单击"确定"完成外键的设置，如图 3-12 所示。

（4）采用同样的方法，设置"成绩表"的"课程编号"的外键参照"课程表"中的"课程编号"。

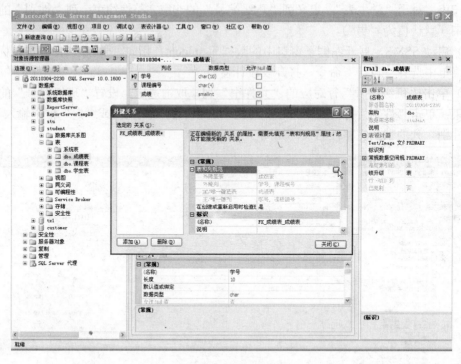

图 3-11　创建外键关系

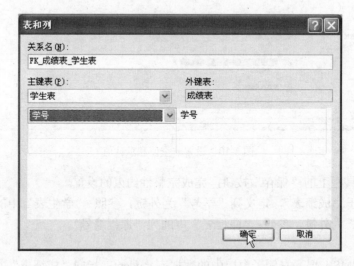

图 3-12　设置外键

方法二：

（1）启动 SSMS，指向左侧子窗口中数据库 student 的"数据库关系图"结点，单击鼠标右键，在捷菜单中选择"新建数据库关系图"命令，如图 3-13 所示。

（2）在"添加表"对话框中选择需要添加的表，将表"学生表"，"课程表"和" 成绩表"添加到关系图中，如图 3-14 所示。

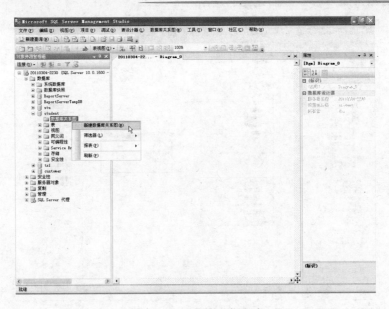

图 3-13　新建数据库关系

图 3-14　添加表

（3）指向"成绩表"的列"学号"，将其拖动至"学生表"的"学号"列上，出现"外键关系"的"表和列"对话框，单击"确定"按钮，即设置"成绩表"的"学号"参照"学生表"的"学号"外键完整性约束。指向"成绩表"的列"课程编号"，将其拖动至表"课程表"，出现"外键关系"的"表和列"对话框，单击"确定"按钮，即设置"成绩表"的"课程编号"参照"课程表"的"课程编号"外键完整性约束，如图 3-15 所示。

（4）单击工具栏上的"保存"按钮，打开"选择名称"对话框，输入关系图名称为"sc_s_c"，如图 3-16 所示。

（5）单击"是"按钮，完成外键即表间关系的定义。

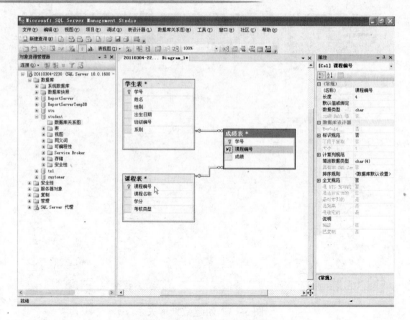

图 3-15　拖动列设置外键

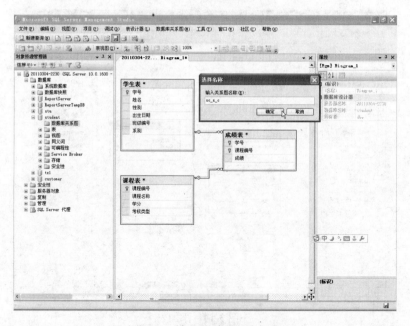

图 3-16　输入关系图名称保存

2. 在查询编辑器窗口中用 T-SQL 语句修改表

修改表语句的基本语法格式如下：

```
ALTER TABLE[<数据库名>.]<表名>
{[ALTER<列名><数据类型>[<列级完整性约束>][,…n]]
|ADD<列名><数据类型>[<列级完整性约束>][,…n]
|DROP<列名>[,…n]
}
```

例 3-7　在"学生表"中增加新的列"电话"，设置其数据类型为 char（12），取值为 NULL。在查询编辑器中输入 Transat-SQL 语句并执行，结果如图 3-17 所示。

使用的语句如下。

```
ALTER TABLE 学生表
ADD 电话 CHAR(12) NULL
```

图 3-17　向表中增加列

例 3-8　修改"学生表"中的列"电话"的长度为 15。

在查询编辑器中输入 Transat-SQL 语句并执行，如图 3-18 所示。

使用的语句如下。

```
ALTER TABLE 学生表
ALTER COLUMN 电话 CHAR(15)
```

图 3-18　修改表中的列

例 3-9 删除表"学生表"中的列"电话"。

在查询编辑器中输入 Transact-SQL 语句并执行，结果如图 3-19 所示。

使用的语句如下。

```
ALTER TABLE 学生表
DROP COLUMN 电话
```

图 3-19 修改表中的列

3.1.4 删除表

一旦表被删除，表中的所有信息，包括表的结构、数据完整性约束、数据以及表上的索引、视图、触发器等都将从磁盘中物理删除。

1. 在 SSMS 中使用对象资源管理器删除表

（1）启动 SSMS，展开左侧子窗口中的数据库，指向要删除的表，单击鼠标右键，在快捷菜单中选择"删除"命令，打开"删除对象"对话框，如图 3-20 所示。

（2）单击"确定"按钮，完成表的删除。

注意：不能删除系统表，外键完整性约束的参考表必须在取消外键约束或删除外键所在的表之后才能删除。

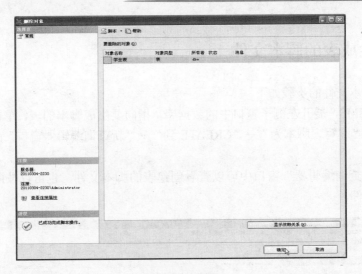

图 3-20　删除表

2. 在查询编辑器窗口中使用 T-SQL 语句删除表

删除表语句的基本语法格式如下：

```
DROP TABLE<表名>
```

例 3-10　删除数据库 customer 中的表 spj。

在查询编辑器中输入 Transact-SQL 语句并执行，结果如图 3-21 所示。

使用的语句如下。

```
DROP TABLE spj
```

图 3-21　使用 T-SQL 语句删除表

注意：除非已对被删除的表进行了备份，否则无法恢复。

3.1.5 生成表的脚本文件

生成表的脚本文件的步骤如下。

（1）启动 SSMS，展开左侧子窗口中的数据库，指向要生成脚本的表，单击鼠标右键，在快捷菜单中选择"编写表脚本为"→"CREATE 到"→"新查询编辑器窗口"命令，如图 3-22 所示。

（2）在"新查询编辑器"窗口中可以查看创建表的脚本文件，也可以按照保存脚本文件的方式另存该文件。

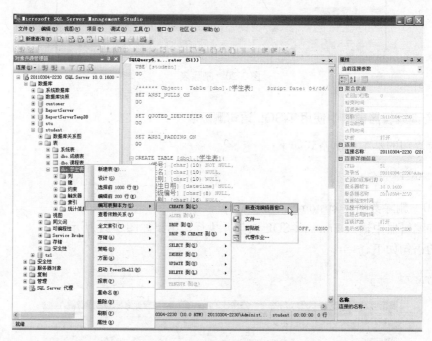

图 3-22   生成表的脚本文件

3.2   管理数据——编辑数据

表是由结构和记录（数据）两部分组成的，定义表实际上是定义表的结构，修改表也指的是修改表结构。当表结构定义完成后，就可以向表中插入数据、修改数据和删除数据。对数据的插入、修改和删除统称为表的编辑。在 SQL Server 2008 中，可以使用 SSMS、Transact-SQL 语句等方式来编辑表中的数据。

3.2.1   使用 SSMS

例 3-11   向学生表中录入数据。

分析：学生表创建好以后，可以录入学生的相关信息。

（1）启动 SSMS，展开左侧子窗口中的数据库，指向"学生表"，单击鼠标右键，在快捷菜单中选择"编辑前 200 行"命令，如图 3-23 所示。

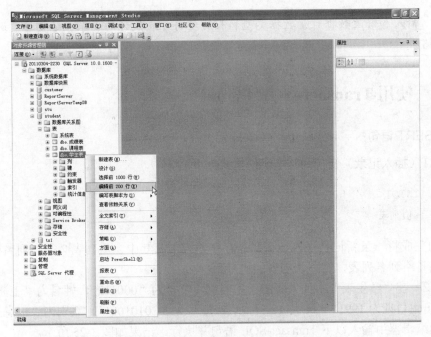

图 3-23　选择"编辑前 200 行"命令

（2）录入并编辑数据，如图 3-24 所示。

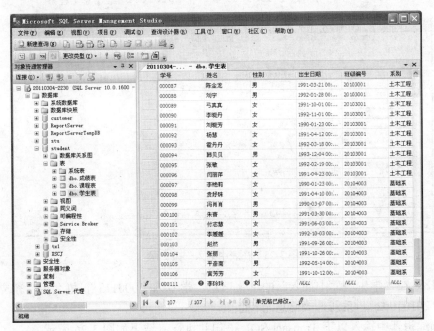

图 3-24　录入并编辑数据

（3）如果需要插入数据，可以直接输入；如果需要删除记录，可以单击记录第一列前面的按钮选中该记录，单击右键选择"删除"或者按 Delete 键；如果需要修改数据，可以将光标移至要进行修改的位置，直接修改。

（4）编辑完毕，单击"关闭"按钮，保存编辑结果。

注意：输入和修改数据时，数据类型和长度要符合表设计的要求，还要注意避免输入多余的空格。

3.2.2 使用 Transact–SQL 语句

1. INSERT 语句

INSERT（插入记录）语句的基本语法格式如下：

```
INSERT[INTO]<表名>[(<列名列表>)]
VALUES(<值列表>)
```

该语句完成将一条新记录插入一个已经存在的表中。其中，值列表必须与列名列表一一对应。如果省略列名列表，则默认为表的所有列。

例 3-12　在"学生表"中插入新的学生信息，学号为"000112"，姓名为"王茹"，性别为"女"，出生日期为 1991 年 11 月 12 日，班级编号为"20101001"，系别为"信息工程系"。

在查询编辑器中输入以下 Transact-SQL 语句并执行，结果如图 3-25 所示。

```
INSERT INTO 学生表
VALUES('000112','王茹','女','1991-11-12','20101001','信息工程系')
```

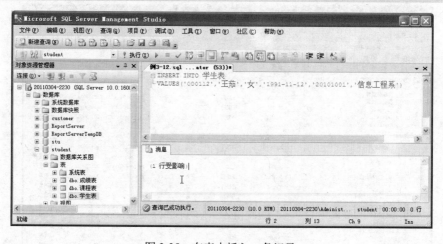

图 3-25　在表中插入一条记录

例 3-13　在"学生表"中插入新的学生信息，学号为"000113"，姓名为"李立志"，班级编号为"20101002"，系别为"信息工程系"。

在查询编辑器中输入以下 Transact-SQL 语句并执行，结果如图 3-26 所示。

使用的语句如下。

```
INSERT INTO 学生表(学号,姓名,班级编号,系别)
VALUES('000113','李立志','20101002','信息工程系')
```

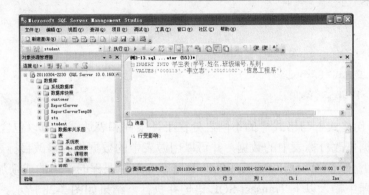

图 3-26 向表中插入一条不完整记录

注意：当插入操作违背完整性约束时，插入操作无效。即不能插入和表中原有记录完全相同的一条新的记录。

2. UPDATE 语句

UPDATE（修改记录）语句的基本语法格式有以下两种。

格式一：

```
UPDATE<表名>
SET<列名>=<表达式>[,…n]
[WHERE<条件>]
```

该语句是基于单表的修改记录的命令。完成对表中满足条件的记录，将表达式的值赋予指定的列。其中，如果条件被省略，则默认针对所有记录，并可以一次为多列赋值。

例 3-14 将学号为 "000112" 同学的性别改为 "男"，出生日期改为 "1990 年 2 月 4 日"。在查询编辑器中输入以下 Transact-SQL 语句并执行，结果如图 3-27 所示。

使用的语句如下。

```
UPDATE 学生表
SET 性别='男',出生日期='1990-02-04'
WHERE 学号='000112'
```

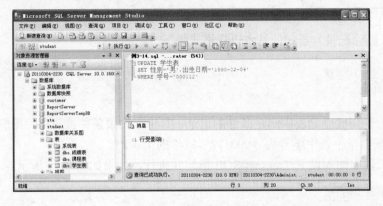

图 3-27 修改表中记录

格式二：

```
UPDATE<目标表名>
SET<列名>=<表达式>[,…n]
FROM<源表名>[WHERE<条件>]
```

UPDATE 语句格式二与格式一的不同之处在于，条件和表达式中可以包含源表的列，实现用源表中的数据修改目标表中的数据，并可以用源表中的数据作为修改目标表列值的条件。

例 3-15 将所有选修"SQL Server 2008 数据库应用"课程的学生的成绩加 1 分。

在查询编辑器中输入以下 Transact-SQL 语句并执行，结果如图 3-28 所示。

```
UPDATE 成绩表
SET 成绩=成绩+1
FROM 课程表
WHERE 成绩表.课程编号=课程表.课程编号
and 课程名称='SQL Server 2008 数据库应用'
```

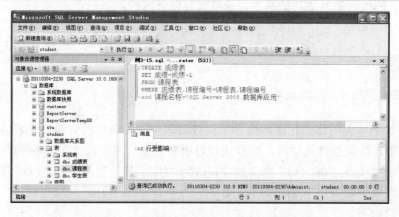

图 3-28　指定其他表的条件修改表中记录

注意：Transact-SQL 语句涉及多表时，如果存在同名的列，引用该列时必须使用格式：<表名>.<列名>。

3．DELETE 语句

DELETE（删除记录）语句的基本语法格式如下：

```
DELETE[FROM]<表名>
[WHERE<条件>]
```

DELETE 语句完成删除表中满足条件的记录。其中，如果条件被省略，则删除所有记录。

例 3-16 删除学生表中学号为"000112"同学的记录。

在查询编辑器中输入以下 Transact-SQL 语句并执行，结果如图 3-29 所示。

```
DELETE FROM 学生表
WHERE 学号='000112'
```

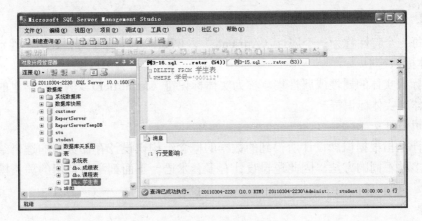

图 3-29　删除表中记录

3.3　数据库原理（三）——数据库规范化设计

本节主要介绍数据库的设计（更确切地说，是关系数据库的设计）方法。数据库设计问题可以简单描述为：如果把一组数据存储到数据库中，应该如何设计一个合适的逻辑结构，即构造多少个关系，每个关系包括哪些属性。这个问题的重要性是显而易见的。关系数据库设计理论对数据库逻辑结构的设计具有重要的指导作用，主要包括：数据依赖、范式和模式设计方法。其中，数据依赖研究数据之间的联系，而范式是关系模式的标准。

3.3.1　数据模型

1．数据描述

当采用数据库技术管理数据时，数据是存储在数据库中的。数据在数据库中的存储方式，是本节要讨论的首要问题。

在数据管理中，数据描述将涉及不同的范畴。从对事物的描述到其在计算机中的具体表示，数据描述实际上包括 3 个阶段：概念设计中的数据描述、逻辑设计中的数据描述和物理设计中的数据描述。

（1）概念设计

数据库的概念设计是指根据用户需求设计数据库的概念结构。这一阶段涉及下列 4 个术语。

① 实体

客观存在的、可以相互区分的事物称为实体（Entity）。实体既可以是具体的对象，也可以是抽象的对象。例如，一名学生、一辆汽车等是具体的实体，而一次借阅、一场足球比赛等则是抽象的实体。

② 实体集

性质相同的同类实体的集合，称为实体集（Entity Set）。例如，所有学生、所有足球比赛等。

③ 属性

实体的每一个特性称为一个属性（Attribute）。例如，学生有学号、姓名、性别等属性。

④ 实体标识符

能唯一标识实体的属性或属性集，称为实体标识符（Identifier）。例如，学生的学号可以作为学生实体的实体标识符。

（2）逻辑设计

逻辑设计是指根据概念设计所得到的数据的概念结构来设计存储数据的逻辑结构。由于存储数据有多种不同的方法，因此逻辑设计有多套术语。下面列举最常用的关系模型中的 4 个术语。

① 记录

字段的有序集合称为记录（Record）或元组。通常用一条记录描述一个实体，所以记录又可以定义为能完整地描述一个实体的字段集。例如，一条学生记录由有序字段集学号、姓名、性别组成。

② 字段

实体属性的命名单位称为字段（Field）或数据项。字段的名称往往和属性名相对应。例如，学生有学号、姓名、性别等字段。

③ 文件

同一类记录的集合称为文件（File）。文件是用来描述实体集的。例如，所有的学生记录组成一个学生文件。

④ 关键码

能唯一标识文件中每条记录的字段或字段集，称为记录的关键码（Key），简称为键。例如，学生的学号字段可以作为学生的关键码。

概念设计和逻辑设计术语之间的对应关系如表 3-1 所示。

表 3-1　概念设计和逻辑设计术语之间的对应关系

概念设计	逻辑设计
实体	记录（或元组）
属性	字段（或数据项）
实体集	文件
实体标识符	关键码

（3）物理设计

物理设计是指根据逻辑设计所得数据的逻辑结构来设计存储数据的物理结构，即数据库的存储结构。由于数据库系统的目标之一是使用户能够简单、方便地存取数据，所以用户只需知道数据库对应的文件，而不必关心数据库的存储结构和具体的实现方式。例如，所有学生记录组成的学生文件在 SQL Server 2008 中可以设计为 D 盘 mydata 文件夹下的 student.mdf 文件。

2. 数据模型的定义及分类

模型是对现实世界的抽象。在数据库技术中，用模型的概念来描述数据库的结构和语义。数据模型（Data Model）是表示实体类型及实体间联系的模型。

数据模型的种类有很多，广泛使用的可分为两种：一种是在概念设计阶段使用的数据模型，称为概念数据模型；另一种是在逻辑设计阶段使用的数据模型，称为逻辑数据模型。

（1）概念数据模型

概念数据模型是独立于计算机系统的数据模型，完全不涉及信息在计算机中的表示方式，只是用来描述某个特定组织所关心的信息结构。概念数据模型按照用户的观点对数据建模，强调其语义表达能力。概念数据模型是对现实世界的第一层抽象，是用户和数据库设计人员之间进行交流的工具，应该简单、清晰、易于用户理解。这类数据模型中最为著名的是"实体联系模型"。

实体联系模型（Entity-Relationship Model，E-R）是 P.P.Chen 于 1976 年提出的。这个模型直接从现实世界中抽象出实体及实体间的联系，然后用实体联系图（E-R 图）表示数据模型。

① 数据联系

现实世界中，事物之间是相互联系的，即实体间是存在一定联系的，这种联系在数据库中必然要有所反映。

联系（Relationship）是实体之间的相互关系。与一个联系相关的实体集的个数，称为联系的元数，即联系有一元联系、二元联系、三元联系之分。

● 二元联系的 3 种类型

一对一联系：如果联系涉及两个实体集 E_1、E_2，E_1 中的每个实体至多和 E_2 中的一个实体有联系，反之亦然，则 E_1 和 E_2 的联系称为"一对一联系"，记为"1：1"。

一对多联系：如果联系涉及两个实体集 E_1、E_2，E_1 中的每个实体可以和 E_2 中的任意（0 个或多个）实体有联系，而 E_2 中的每个实体至多和 E_1 中的一个实体有联系，则 E_1 和 E_2 的联系称为"一对多联系"，记为"1：N"。

多对多联系：如果联系涉及两个实体集 E_1、E_2，E_1 中的每个实体可以和 E_2 中的任意（0 个或多个）实体有联系，反之亦然，则 E_1 和 E_2 的联系称为"多对多联系"，记为"M：N"。

例 3-17 班级和班长之间存在联系，一个班级只能有一个班长，而一个班长也只能是一个班级的班长，所以班级和班长之间存在"一对一联系"。班级和学生之间存在联系，由于一个班可以有多个学生，而一个学生至多只能属于一个班，所以班级和学生之间存在"一对多联系"。教师和学生之间存在联系，由于一名教师可以教多个学生，而一个学生可以被多名教师所教，所以教师和学生之间存在"多对多联系"。

● 其他联系的 3 种类型

其他联系与二元联系一样，也可分为"一对一联系"、"一对多联系"和"多对多联系"3 种类型。

② E-R 图

E-R 图是直接表示概念模型的有效工具。E-R 图中有如下 4 个基本成分。

矩形框：表示实体，并将实体名记入框中。

菱形框：表示联系，并将联系名记入框中。

椭圆形框：表示实体或联系的属性，并将属性名记入框中。对于实体标识符，则在其下画一条横线。

连线：实体与属性之间、联系与属性之间用直线相连；实体与联系类型之间也以直线相连，并在直线端部标注联系的类型，即 1：1、1：N 或 M：N。

其中"实体"、"联系"和"属性"又被称为 E-R 图的 3 要素。

例3-18 为"学生成绩管理系统"设计一个E-R模型。

（1）确定实体。本实例涉及两个实体类型：学生（以下简称s），课程（以下简称c）。

（2）确定联系。实体s与实体c之间存在联系，且为M∶N联系，命名为sc。

（3）确定实体和联系的属性。实体s的属性有：学号sno、姓名sname、性别sex、出生日期birthday、班级编号class、系别dept，其中实体标识符为sno。

实体c的属性有：课程编号cno、课程名称cname、学分credit、考核类型asstype，其中实体标识符为cno。联系sc的属性是某学生选修某门课程的成绩score。

（4）按照规则画出"学生成绩管理系统"的E-R图，如图3-30所示。

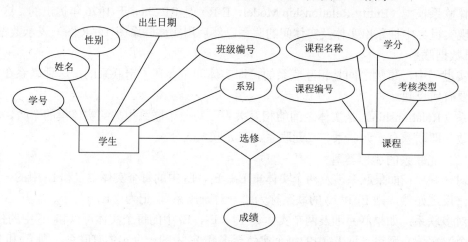

图3-30 "学生成绩管理系统"E-R图

E-R模型有两个明显的优点：一是简单，易于理解，能够真实地反映用户的需求；二是与计算机类型无关，容易被用户接受。因此，E-R模型已成为软件工程的一个重要设计方法。但是E-R模型只能说明实体间的语义联系，不能进一步说明详细的数据结构。在进行数据库设计时，总是先设计一个E-R模型，然后再把E-R模型转换成计算机能实现的逻辑数据模型，譬如关系模型。

（2）逻辑数据模型

逻辑数据模型是直接面向数据库的逻辑结构，是对现实世界的第二层抽象。这类数据模型直接与DBMS有关，一般也称为"结构数据模型"。例如，层次、网状、关系、面向对象等数据模型。这类数据模型有严格的形式化定义，便于在计算机系统中实现；通常还有一组严格定义的无二义性语法和语义的数据库语言，用其定义、操纵数据库中的数据。

① 层次模型

用树状（层次）结构表示实体及实体间联系的数据模型称为层次模型（Hierarchical Model）。树的结点是记录类型，每个非根结点有且仅有一个父节点。上一层记录类型和下一层记录类型之间的联系是1∶N联系。

层次模型的特点是记录之间的联系通过指针来实现，查询效率较高。与文件系统的数据管理方式相比，层次模型是一个飞跃，用户和数据库设计者面对的是逻辑数据而不是物理数据，用户不必花费大量精力考虑数据的物理实现细节。逻辑数据与物理数据之间的转换由DBMS完成。但层次模型有两个主要缺点：一是只能表示1∶N联系，虽然系统有多种辅助手段实现M∶N联系，但比较复杂；二是由于层次顺序严格且复杂，导致数据的查询和更新操作也很复杂，因此应用程序的编写也比较复杂。

1968 年，美国 IBM 公司推出的 IMS 系统是典型的层次模型系统，20 世纪 70 年代在商业界得到了广泛的应用。

② 网状模型

用有向图结构表示实体及实体间联系的数据模型称为网状模型（Network Model）。有向图中的结点是记录类型，箭头表示从箭尾的记录类型到箭头的记录类型间存在 1∶N 联系。

网状模型的特点是，尽管记录之间的联系通过指针来实现，但也很容易表示 M∶N 联系（一个 M∶N 联系可拆分成两个 1∶N 联系），查询效率较高。网状模型的缺点是数据结构复杂、编程复杂。

1969 年，美国数据系统语言协会（CODASYL）提出的 DBTG 报告中的数据模型是网状模型的代表。网状模型有许多成功的 DBMS 产品，20 世纪 70 年代的 DBMS 产品大部分是网状数据库管理系统。例如，Honeywell 公司的 IDS/Ⅱ，HP 公司的 IMAGE/3000，Burroughs 公司的 DMSⅡ，Univac 公司的 DMS1100，Cullinet 公司的 IDMS，CINCOM 公司的 TOTAL 等。

由于层次系统和网状系统固有的缺点，从 20 世纪 80 年代中期起，其主体市场已被关系模型产品所取代。现在的 DBMS 基本上都是关系模型产品。

③ 关系模型

关系模型（Relational Model）的主要特征是用二维表格表示实体集。与前两种模型相比，其数据结构简单，易于理解。关系模型是由若干关系模式组成的集合。关系模式相当于文件，其实例称为关系，每个关系实际上是一张二维表，关系也称为表。

例 3-19　将例 3-18 中的 E-R 模型转换为关系模型。

转换方法是把 E-R 图中的实体和 M∶N 联系分别转换成关系模式，同时在实体标识符下加一条横线表示关系模式的关键码。关系模式的属性是与之联系的实体类型的关键码和联系的属性，关键码是与之联系的实体类型的关键码之组合。

"学生成绩管理系统"的关系模型如表 3-2 所示。

表 3-2　"学生成绩管理系统"的关系模型

关系模式	表　　示
学生关系模式	s（sno，　sname，sex，birthday，class，dept）
课程关系模式	c（cno，cname，credit，asstype）
选修关系模式	sc（sno，cno，score）

在层次模型和网状模型中，记录之间的联系通过指针实现，而关系模型中的数据结构是表格，记录之间的联系是通过模式的关键码实现的。关系模型和层次模型、网状模型的最大区别是用关键码而不是用指针导航数据，表格简单、易懂，只需用简单的查询语句就可以对数据进行操作，并不涉及存储结构、访问技术等细节。关系模型是数学化的模型。由于可以把表格看成一个集合，因此集合论、数理逻辑等知识可被引入关系模型中。

自 1970 年美国 IBM 公司高级研究员 E.F.Codd 在美国计算机学会通信杂志（CACM）上发表"A Relation Model of Data for Large Shared Data Banks"一文首次提出关系模型起，关系数据库的研究主要集中在理论和实验系统的开发方面。20 世纪 80 年代初形成产品，很快便得到广泛的应用和普及，并最终取代层次数据库和网状数据库产品。目前基本上所有的数据库产品都是针对关系数据库的。典型的关系数据库产品有 Oracle、SQL Server、Sybase、Informix、

DB2 和微型计算机型产品 FoxPro、Access 等。

3．关系模型的相关概念

（1）关系模型、关系模式、关系

关系模式是对关系的描述，可以表示为 R(U,D,dom,F)。其中，R 为关系名，U 为属性集，D 为 U 中属性的取值之域，dom 为属性向域的映像集合，F 为属性间数据的依赖关系集。简记为 R(U)。

关系模型是关系模式的集合，是关系模式及其联系的数据模型，包括数据结构（关系模式）、数据操作（关系运算）和数据完整性规则。

关系是关系模式在某一时刻的状态或内容，具体的关系称为实例。即关系模式是型，关系是值。关系模式是稳定的，而关系是不断变化的。在实际应用中，通常把关系模式和关系统称为关系。

（2）关键码

在关系数据库中，关键码（简称键、码）是关系模型中的一个重要概念。通常，关键码由一个或多个属性组成，包括如下 4 种键（码）。

① 超键（超码）：在一个关系中，能唯一标识记录的属性或属性集称为关系的超键。

② 候选键（候选码）：如果一个属性（集）能唯一标识记录，且不包含多余的属性，则这个属性（集）称为关系的候选键。

③ 主键（主码）：若一个关系中有多个候选键，可以选取任意一个候选键作为关系的主键。

例如，关系模式 S 中，设属性集 X=(学号,姓名)，虽然 X 能唯一标识学生，但它只是关系 S 的超键，而不是候选键。因为 X 中的"姓名"是一个多余的属性，只有"学号"能唯一标识学生且不含多余属性，因而"学号"是候选键。此外，若存在"身份证号"列，则它也可以是一个候选键。如果没有同名同姓的学生，那么"姓名"也可以是一个候选键。关系的候选键可以有多个，但不能同时将其指定为主键，主键只能使用其中的一个，如使用"学号"来标识学生，则"学号"为主键。

④ 外键（外码）：若一个关系 R 中包含有另一个关系 S 的主键所对应的属性组 X，则称 X 为 R 的外键，并称关系 S 为参照关系，关系 R 为依赖关系。

例如，关系模式 sc 中包含学号，关系模式 s 的主键为学号，在 sc 中学号是外键，s 为参照关系，sc 为依赖关系。更确切地说，学号是 s 的主键，将其作为外键放在 sc 中，实现两个关系间的联系。在关系数据库中，关系之间的联系是通过外键来实现的。同理，sc 中的 cno 也是外键。

需要注意的是，外键和参照关系的主键可以不同名，但必须具有相同的值域。

一般约定，在主键属性下面加下划线，在外键属性下面加波纹线，则关系模式 sc 可以表示为：

sc（sno， cno， score）

（3）数据完整性规则

关系模型的完整性规则是对数据的约束。关系模型提供 3 类完整性规则：实体完整性规则、参照完整性规则和用户自定义完整性规则。其中，实体完整性规则和参照完整性规则是关系模型必须满足的完整性约束条件，称为关系完整性规则。

① 实体完整性规则：实体完整性规则要求记录的主键值不能相同或为 NULL。实际上，主键只有在关系中是唯一和确定的，才能有效地标识每一条记录。

② 参照完整性规则：参照完整性规则要求记录的外键值只能取参照关系的主键值或 NULL（当外键同时为主键时不能取 NULL）。实际上，正是通过外键，将各个关系（参照关系和依赖关系）联系起来。

③ 用户自定义完整性规则：用户自定义完整性规则是对某一具体数据的约束条件。实际上，用户自定义完整性规则反映了某一具体应用涉及的数据所必须满足的语义要求。例如，性别只能是男或女，成绩必须大于等于 0 并且小于等于 100 等。

3.3.2　关系模式的规范化问题

1．关系模式的操作异常

在数据管理中，数据冗余是影响系统性能的一个大问题。数据冗余是指同一个数据在系统中重复出现。在文件系统中，由于文件之间不存在联系，可以引起一个数据在多个文件中出现的问题。数据库系统克服了文件系统的这个缺陷，但仍然应关注数据冗余问题。如果一个关系模式设计得不好，仍然会出现像文件系统那样的数据冗余问题。

例 3-20　设有"学生选课"关系模式 R（sno,sname,sex,cno,cname, credit ,score），其属性分别表示学生的学号、姓名、性别、选修课程的课程编号、课程名称、学分、成绩。具体实例如表 3-3 所示。

表 3-3　"学生选课"关系模式

sno	sname	sex	cno	cname	credit	score
101001	张晓明	男	001	SQL Server 数据库应用	3	87
101002	李顺	女	001	SQL Server 数据库应用	3	69
101005	王柳恩	男	001	SQL Server 数据库应用	3	75
101006	沈小龙	男	002	计算机英语	2	93
101008	李丽娟	女	002	计算机英语	2	88
101008	李丽娟	女	003	图形图像处理	3	84
101009	孙淑兰	女	003	图形图像处理	3	90
101005	王柳恩	男	004	计算机网络	3	56
101011	吴小军	男	004	计算机网络	3	82

虽然这个模式只有 7 个属性，但存在大量的数据冗余，在使用过程中会出现如下几个问题。

（1）插入异常

例如，如果要安排一门新课程(005,操作系统)，在尚无学生选修这门课程时，要把这门课程的数据值存储到关系中，属性 sno 将为 NULL，而 R 的主键为（sno,cno）。由于主键不允许为 NULL，故数据将无法插入。

（2）修改异常

例如，课程 001 有 3 个学生选修，在关系中就会有相同课程的 3 个元组。如果这门课程的名称改为"网络数据库",那么这 3 个元组的课程名称都要相应改为"网络数据库"。如果有一个元组的课程名称未改,就会出现这门课程的课程名称不一致的现象。

(3)删除异常

例如,如果学号为 101008 的学生不选修课程 002,则要删除(101008,李丽娟,女,002,计算机英语,88)元组,但同时此学生的信息、课程 002 的信息同时被删除,造成数据丢失。

由此可见,关系模式 R 不是一个好的设计。现在把 R 改进一下,分成 3 个关系模式:

R_s(sno,sname,sex)

R_c(cno,cname,credit)

R_{sc}(sno,cno,score)

这 3 个关系模式将不会发生上述问题。本节要讨论的是什么样的关系模式是好的,其标准是什么,如何实现这种关系模式。

2．关系模式的规范化

对于一个现实问题,如果将其中的所有属性组成的关系模式记为 R(U),关系 r 是关系模式 R(U)上的一个实例,则称关系模式 R(U)为泛关系模式(Universal Relation Schema),关系 r 为泛关系(Universal Relation)。

一般来讲,R(U)和 r 往往不是恰当的形式,必须用一个关系模式集合 $\rho = \{R_1,R_2,\cdots,R_k\}$ 代替 R(U),其中每个 R_i 的属性是 U 的子集,且 $R_1\cup R_2\cup\cdots\cup R_k$=U($R_i$ 表示关系 R_i 的属性集),则 ρ 称为数据库模式(Database Schema),其中每一个关系模式 R_i 的实例的集合 σ = <$r_1,r_2,\cdots,r_k$> 称为数据库实例(简称数据库)。

因此,计算机中的数据并不是存储在泛关系模式 R(U)中,而是存储在数据库模式ρ中。

例如,对于"学生选课"可以建立泛关系模式:R(sno,sname,sex,cno,cname,credit,score),进一步可以分解为数据库模式ρ={R_c (sno,sname,sex), R_s(cno,cname,credit), R_{sc}(sno,cno,score)}。

3.3.3 函数依赖

在数据库中,数据之间存在着密切的联系。在数据库技术中,把数据间的联系称为数据依赖。在数据库规范化设计中,数据依赖起着关键的作用。其中,函数依赖是最基本的数据依赖。

1．函数依赖的定义

在数据库中,属性之间是存在联系的。例如,每个学生只有一个姓名,每个学生选修某一门课程时只能有一个成绩等。这类联系称为函数依赖。

定义 3.1 设有关系模式 R(U),X、$Y\subseteq U$,只要 r 是 R 的当前关系,对于 r 的任意两个元组 t_1、t_2,若 $t_1[X]=t_2[X]$,则 $t_1[Y]=t_2[Y]$,则称 X 函数决定 Y 函数或 Y 函数依赖于 X 函数,记作 $X\rightarrow Y$。这种依赖称为函数依赖(Functional Dependency,FD)。

例 3-21 对于例 3-20 的"学生选课"关系模式 R,如果规定每个学生只能有一个姓名,每个课程编号只能对应一门课程,则有如下函数依赖:

sno→sname

cno→cname

由于每个学生选修某一门课程时只能有一个成绩，则有如下函数依赖：

(sno,cno)→score

当然，还有如下函数依赖：

sno→sex

sno→(sname,sex)

例 3-22　设有关系模式 R(A，B，C，D)，假设 A 与 B 为"一对多联系"，而 C 与 D 为"一对一联系"，试写出相应的函数依赖。

由于 A 与 B 为"一对多联系"，即每个 A 值有多个 B 值与其对应，即 B 值决定 A 值，可写出函数依赖：

B→A

同理，由于 C 与 D 为"一对一联系"，可写出函数依赖：

D→C，C→D

2．函数依赖和关键码的关系

有了函数依赖的概念，就可以把关键码和函数依赖联系起来。实际上，函数依赖是关键码概念的推广。

定义 3.2　设有关系模式 R(U)，X⊆U。如果 X→U 成立，则称 X 是 R 的超键。如果 X→U 成立且对于 X 的任意一个子集 X_1，有 X_1→U 不成立，则称 X 是 R 的候选键。

例 3-23　对例 3-21 中的关系模式 R 进行分析，有如下函数依赖：

(sno,cno)→(sno,sname,sex,cno,cname,score)

即(sno,cno)为关系模式 R(U)的候选键。

虽然有如下函数依赖：

(sno,sname,cno)→(sno,sname,sex,cno,cname,score)

但(sno,sname,cno)只是关系模式 R(U)的超键而非候选键，因为(sno,sname,cno)含有多余的属性 sname。

由此，可以得到如下结论：

（1）设有关系模式 R(U)，若 X 是 R 的候选键，则对任意 Y⊆U 均有 X→Y。

（2）实际上，函数依赖表示了数据的完整性约束条件。

下面，对函数依赖的定义加以扩充。

定义 3.3　对于函数依赖 X→Y，如果 Y⊆X，则称 X→Y 是"平凡的函数依赖"，反之称为"非平凡的函数依赖"。

例 3-24　在关系 sc(sno,cno,score)中，

非平凡函数依赖：　(sno, cno) →score

平凡函数依赖：　　(sno, cno) →sno

　　　　　　　　　(sno, cno) →cno

平凡的函数依赖是不可能不成立的，不具有实际意义，只有非平凡的函数依赖才"真正"和数据完整性约束条件相关，所以需要研究的是非平凡的函数依赖。

定义 3.4　在关系模式 R(U)中，如果 X→Y，X'→Y，则称 Y 部分函数依赖于 X，记作 $X \xrightarrow{P} Y$。如果 X→Y，并且不存在 X 的真子集 X'，使得 X'→Y，则称 Y 完全函数依赖于 X，记作 $X \xrightarrow{f} Y$。

例 3-25 在关系 sc(sno, sname ,cno,score)中,

完全函数依赖: (sno, cno) $\xrightarrow{f}$ score

部分函数依赖: (sno, cno) $\xrightarrow{p}$ sname

定义 3.5 在关系模式 R(U)中,如果 X→Y, Y→Z, 且 Y⊈X, Y↛X, 记做 X $\xrightarrow{传递}$ Z, 称 Z 传递函数依赖于 X。

例 3-26 在关系 std(sno, sdept, mname)中,

由于 sno→sdept, sdept→mname

则: mname $\xrightarrow{传递}$ sno

3.3.4 范式

关系模式的优劣可以用关系模式的范式(Normal Form,NF)来衡量。所谓范式是指满足特定要求的关系模式。

关系模型的奠基人 E.F.Codd 在 1971 年至 1972 年间系统地提出了第一范式(1NF)、第二范式(2NF)和第三范式(3NF)的概念,讨论了规范化的问题。1974 年,E.F.Codd 和 Boyce 又共同提出一个新范式,即 BCNF。1976 年,Faign 提出第四范式(4NF)。现在,已有人提出第五范式(5NF)。

所谓"第几范式"表示的是关系模式的某一级别,因此,范式这一概念可以理解成符合某种级别关系模式的集合。范式有高低之分,5NF 最高,1NF 最低,即满足:

5NF⊂4NF⊂BCNF⊂3NF⊂2NF⊂1NF

一个低一级范式的关系模式,通过模式分解可以转换为若干高一级范式的关系模式的集合,这种过程称为关系模式的规范化。

一般来说,如果关系模式 R 属于第 x 范式,那么就可以写成 R∈ xNF,反之写成 R∉ xNF。1NF~5NF 范式的要求和它们之间的关系如图 3-31 所示。

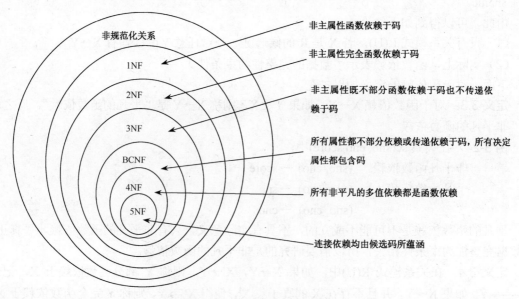

图 3-31 1NF~5NF 范式的要求

1. 第一范式（1NF）

定义 3.6　如果关系模式 R 中每一属性的值域是原子的，则称 R 属于第一范式（First Normal Form，1NF）模式。

例 3-27　关系模式 R(sno,sname,sex,telephone)，如果某个人有两个以上的电话号码，则 telephone 属性是可分解的，即非原子的，因此 R∉ 1NF。

满足 1NF 的关系称为规范化的关系，否则称为非规范化的关系。关系数据库所研究的关系都是规范化的关系，即 1NF 是关系模式应具备的基本条件。如果未加特殊说明，关系模式均属于 1NF。

2. 第二范式（2NF）

假设一个关系模式属于 1NF，但如果关系模式中存在部分依赖，则关系模式将产生冗余现象，因此需要进一步规范化。

定义 3.7　若 R∈1NF，且每个非主属性完全依赖于候选键，则称 R 属于第二范式（Second Normal Form，2NF）模式。其中，属于候选键的属性称为主属性，不属于候选键的属性称为非主属性。

例 3-28　对于关系模式 R(sno,cno,score,tno,taddress)，其中的属性分别表示学生编号、选修课程的课程编号、成绩、任课教师编号和教师地址，如果约定"一门课程只能由一名教师讲授"，试判断 R 是否属于 2NF 模式。

由于"一门课程只能由一名教师讲授"，因此某一具体课程对应的教师信息也是唯一的，可推出候选键(sno,cno)。

由于 R 有函数依赖：cno→(tno,taddress)，因此(sno,cno)→(tno,taddress)为部分依赖，即非主属性 tno、taddress 部分依赖于候选键(sno,cno)，则 R∉ 2NF。

实际上，2NF 模式仅用于以两个以上属性作为候选键的关系模式。当候选键为单属性时，关系模式的所有属性必然完全依赖于候选键，即关系模式必然属于 2NF 模式。而当非主属性依赖于构成候选键的某个属性（即为部分依赖）时，该属性值一旦相同，非主属性值也必然相同，从而产生数据冗余。例如，对于实例 3-28 中的关系模式 R，当同一门课程有多个学生选修时，tno、taddress 冗余。

由此，可以得到如下结论：

（1）2NF 要求每个非主属性不能由候选键的一部分决定，否则必将产生数据冗余。

（2）当关系模式 R 的候选键为单属性时，R 必属于 2NF。

下面，给出关系模式中消除非主属性对候选键的部分依赖的算法。

算法 3.1　设有关系模式 R(W，X，Y，Z)，若存在 X→Y（即 Y 部分依赖于候选键），则可将 R 分解为模式：

R_1(W，X，Z)，R_2(X，Y)

例 3-29　对于例 3-28 中的关系模式 R，试分解 R 使其属于 2NF 模式。

由于 R∉ 2NF，按照算法 3.1，可将 R 分解为：

R_1(sno,cno,score)，R_2(cno,tno,taddress)

消除了部分依赖(sno,cno) $\xrightarrow{\quad p \quad}$ (tno,taddress)，且 R_1，R_2∈2NF。

3. 第三范式（3NF）

假设一个关系模式属于 2NF，但如果关系模式中存在非主属性依赖于非候选键，则关系模式中也会产生冗余，因此需要进一步规范化。

定义 3.7 若 R∈1NF，且对于 F 中每个非平凡的 X→Y，都有 X 是 R 的超键，或 Y 中的每个属性均为主属性，则称 R 属于第三范式（Third Normal Form，3NF）模式。

例 3-30 对于例 3-29 中的关系模式 R_2，试判断 R_2 是否属于 3NF 模式。

由于 R_2 有函数依赖：tno→taddress，而 taddress 为非主属性且 tno 非超键，则 $R_2 \notin$ 3NF。

实际上，3NF 要求所有非主属性不能依赖于非候选键，当非主属性依赖于某个非候选键时，该非候选键值一旦相同，则非主属性值也必然相同，从而产生数据冗余。例如，对于例 3-29 中的关系模式 R_2，当同一名教师讲授多门课程时，taddress 冗余。

由此，可以得到如下结论：

（1）3NF 要求每个非主属性必须由候选键决定，否则必将产生数据冗余。

（2）2NF 只要求每个非主属性不能由候选键的一部分（但可以是非候选键的任意属性，而非候选键的任意属性一定不是候选键）决定，显然 3NF ⊂ 2NF。

实际上，对于 X→Y，如果 X 为非候选键，则当关系中出现 X 值相同的元组时 Y 必相同，即 Y 必冗余。X 为非候选键无外乎两种情况：X 是候选键的一部分；X 为非主属性。对于前者，不属于 2NF；而前者和后者均不属于 3NF。

下面，给出关系模式中消除非主属性对非候选键的依赖的算法。

算法 3.2 设有关系模式 R(W，X，Y，Z)，若存在 X→Y（即 Y 依赖于非候选键），则可将 R 分解为模式：

R_1(W，X，Z)，R_2(X，Y)

例 3-31 对于例 3-29 中的关系模式 R_2，试分解 R_2 使其属于 3NF 模式。

由于 $R_2 \notin$ 3NF，按照算法 3.2，可将 R_2 分解为：

R_{21}(cno,tno)，R_{22}(tno,taddress)

且 R_{21}，R_{22} ∈3NF。

最终，将例 3-28 中不属于 2NF 模式的关系模式 R(sno,cno,score,tno,taddress)分解为属于 3NF 模式的关系模式 R_1(sno,cno,score)，R_2(cno,tno)，R_3(tno,taddress)

本章小结

本章讲解 SQL Server 2008 表的相关知识，主要包括以下内容：

- SQL Server 2008 表的创建和管理
- SQL Server 2008 表数据的编辑
- 数据完整性约束规则
- E-R 模型
- 关系数据模型
- 关系模式的范式
- 关系模式的规范化

通过本章内容的学习，读者应该能够建立和管理 SQL Server 2008 表，能够编辑表中数据，了解数据模型的相关概念，并掌握关系模式规范化的相关内容。

习题 3

一、选择题

1. 使用下列哪种语句可以创建数据表（　　　）。

   A. CREATE　DATABASE 　　　　　B. CREATE　TABLE
   C. ALTER　DATABASE 　　　　　D. ALTER　TABLE

2. 使用下列哪种语句可以修改数据表（　　　）。

   A. CREATE　DATABASE 　　　　　B. CREATE　TABLE
   C. ALTER　DATABASE 　　　　　D. ALTER　TABLE

3. 使用下列哪种语句可以删除数据表（　　　）。

   A. DROP　DATABASE 　　　　　B. CREATE　TABLE
   C. ALTER　DATABASE 　　　　　D. DROP　TABLE

4. 使用下列哪种语句可以向表中插入数据（　　　）。

   A. INSERT 　　　　　B. UPDATE
   C. DELETE 　　　　　D. CREATE

5. 使用下列哪种语句可以更新表中数据（　　　）。

   A. INSERT 　　　　　B. UPDATE
   C. DELETE 　　　　　D. CREATE

6. 使用下列哪种语句可以删除表中数据（　　　）。

   A. INSERT 　　　　　B. UPDATE
   C. DELETE 　　　　　D. CREATE

二、名词解释

关系模式，关系模型，关系实例，函数依赖，平凡函数依赖，非平凡函数依赖，部分函数依赖，完全函数依赖，传递函数依赖，1NF，2NF，3NF。

三、问答题

1. 简述数据模型的概念。

2. 什么是概念数据模型，什么是逻辑数据模型？列出常用的概念数据模型和逻辑数据模型。

3. 简述二元联系的 3 种类型。

4. 简述键、超键、候选键、主键和外键之间的区别。

5. 什么是数据完整性规则？在 SQL Server 2008 中，如何实现数据完整性规则？

6. 关系模式 scc(sno,cno,score,credit)，其中 sno 为学号，cno 为课程号，score 为成绩，credit 为学分。请说明这一关系模式的候选码是什么?它是否符合 2NF 的要求？如不符合请分解为符合 2NF 的关系模式。

7. 关系模式 sdl(sno,sname,dno,dname,location)，其中各属性分别代表学号，姓名，系编号，系名称，系地址。请说明这一关系模式的候选码是什么?它是否符合 3NF 的要求？如不符合请分解为符合 3NF 的关系模式。

实训 3　创建表结构并输入记录

实训目的：掌握 SQL Server 2008 中创建表及输入记录的方法。

操作步骤：

在 SSMS 中使用图形化界面创建表：

（1）在数据库 student 中创建学生表，表名为 "s"，包括列：sno char(8)，sname char(8)，sex char(2)，class char(20)，birthday datetime，address varchar(50)，telephone char(20)，qq char(15)。其中，sno 列为主键，要求 sname、class 列值非空，sex 列默认值为 "男"，qq 列唯一完整性约束。

（2）在数据库 student 中创建课程表，表名为 "c"，包括列：cno char(4)，cname char(20)，credit tinyint。其中，cno 列为主键，cname 列为唯一完整性约束。

（3）在数据库 student 中创建成绩表，表名为 "sc"，包括列：sno char(8)，cno char(4)，score smallint。其中，(sno,cno)为主键，指定 sno 为外键，参照表 s 的 sno，指定 cno 为外键，参照表 c 的 cno。

（4）在学生表、课程表和成绩表中输入本班 5 名以上学生的真实数据。

使用 Transact-SQL 语句按以上的描述重新创建各表并输入数据。

第 **4** 章

数 据 查 询

本章要点

➢ 掌握 SELECT 语句结构
➢ 熟练使用 SELECT 语句查询数据
➢ 了解关系运算

数据查询，就是从数据库的数据中查询出所需要的数据。在 SQL Server 2008 中，数据查询可以通过 SELECT 语句来实现。SELECT 在任何一种 SQL 语言中，都是使用频率最高的语句，它具有强大的查询功能，有的用户甚至只需要熟练掌握 SELECT 语句的一部分，就可以轻松地利用数据库来完成自己的工作，可以说 SELECT 是 SQL 语言的灵魂。SELECT 语句的作用是让数据库服务器根据客户端的要求搜寻出用户所需要的信息资料，并按用户规定的格式进行整理后返回给客户端。

引例 查询学生的学号信息

分析：将数据录入到表中以后，可以根据需要查询表中的相关数据。如果要查询出学生表中"王全沫"同学的学号信息。可以在查询编辑器窗口中输入以下 T-SQL 语句并执行，结果如图 4-1 所示。

使用的语句如下。

```
SELECT 学号 FROM 学生表 WHERE 姓名='王全沫'
```

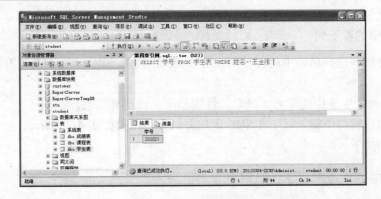

图 4-1 查询学生的学号

4.1 实现简单数据查询——基本 SELECT 语句

SELECT 语句的基本语法格式如下：

```
SELECT select_list
[ INTO new_table_name ]
FROM table_source
[ WHERE search_condition ]
[ GROUP BY group_by_expression ]
[ HAVING search_condition ]
[ ORDER BY order_expression [ ASC | DESC ] ]
```

其中：

select_list：指明要查询的选择列表。列表可以包括若干个列名或表达式，列名或表达式之间用逗号隔开，用来指示应该返回哪些数据。表达式可以是列名、函数或常数的列表。

INTO new_table_name：指定用查询的结果创建成一个新表。new_table_name 为新表名称。

FROM table_source：指定所查询的表或视图的名称。

WHERE search_condition：指明查询所要满足的条件。

GROUP BY group_by_expression：根据指定列中的值对结果集进行分组。

HAVING search_condition：对用 FROM、WHERE 或 GROUP BY 子句创建的中间结果集进行行的筛选。它通常与 GROUP BY 子句一起使用。

[ORDER BY order_expression [ASC | DESC]]：对查询结果集中的行重新排序。ASC 和 DESC 关键字分别用于指定按升序或降序排序。如果省略 ASC 或 DESC，则系统默认为升序。

4.1.1 单表查询

使用 SELECT 子句可以完成显示表中指定列的功能，即完成关系的投影运算。由于使用 SELECT 语句的目的是输出查询结果，所以输出列或表达式的值是 SELECT 语句不可缺少的部分。

1. 查询表中的若干列

最简单的查询即选择单表中的若干列，是由 SELECT 和 FROM 短语组成的针对于单个表的无条件查询。

例 4-1 查询学生表中的学号，姓名，性别和出生日期等信息。

在查询编辑器窗口中输入以下 T-SQL 语句并执行，结果如图 4-2 所示。

使用的语句如下。

```
SELECT 学号,姓名,性别,出生日期 FROM 学生表
```

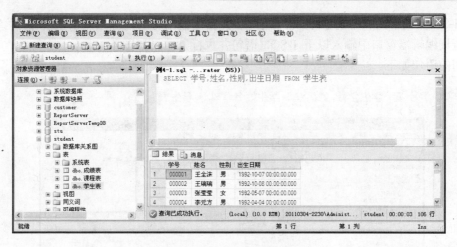

图 4-2　查询表中的若干列

2．输出表中所有列

SELECT 子句可以使用 "*"，表示输出 FROM 子句所指定表的所有列。

例 4-2　查询学生表中的全部信息。

在查询编辑器窗口中输入以下 T-SQL 语句并执行，结果如图 4-3 所示。

使用的语句如下。

```
SELECT * FROM 学生表
```

图 4-3　输出表中所有列

3．设置输出列标题

在默认情况下，输出列时列标题就是表的列名，输出表达式时的列标题为 "无列名"。如果需要改变输出时的列标题，可以使用关键字 "AS" 设置列标题。

设置输出新列名的 SELECT 子句的基本语法格式如下：

```
SELECT <列名|表达式> <新列名>|<列名|表达式> AS <新列名> |<新列名>=<列名|表达式>[,…n]
```

例 4-3　查询学生表中的学号，姓名信息，并指定输出时的列标题为学生学号，学生姓名。
在查询编辑器窗口中输入以下 T-SQL 语句并执行，结果如图 4-4 所示。
使用的语句如下。

```
SELECT 学号 AS 学生学号,姓名 AS 学生姓名 FROM 学生表
```

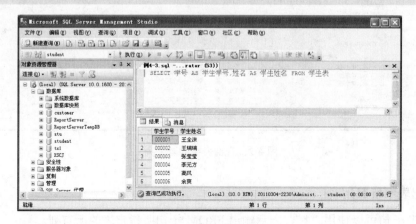

图 4-4　设置输出列标题

注意：设置输出列标题只是设置显示查询结果时的列名，表中的列并未改变。

4．过滤查询结果中的重复记录

当查询所得到的结果中包括多条重复记录时，可以使用关键字"DISTINCT"使得重复记录只保留其中一条。

例 4-4　查询所有的班级信息。
在查询编辑器窗口中输入以下 T-SQL 语句并执行，结果如图 4-5 所示。
使用的语句如下。

```
SELECT DISTINCT 班级编号 FROM 学生表
```

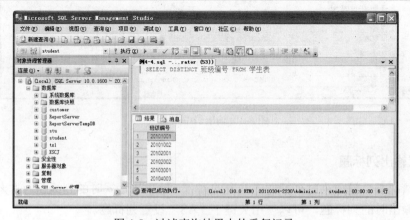

图 4-5　过滤查询结果中的重复记录

5．限制结果集

在 SELECT 子句中使用"TOP"和"PERCENT"关键字可以限制查询的结果集。

例4-5 显示课程表的前5条记录。

在查询编辑器窗口中输入以下 T-SQL 语句并执行，结果如图 4-6 所示。

使用的语句如下。

```
SELECT TOP 5 * FROM 课程表
```

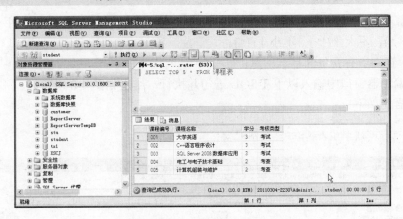

图 4-6 返回查询结果的前 n 条记录

例4-6 显示课程表记录的前 50%。

在查询编辑器窗口中输入以下 T-SQL 语句并执行，结果如图 4-7 所示。

使用的语句如下。

```
SELECT TOP 50 PERCENT * FROM 课程表
```

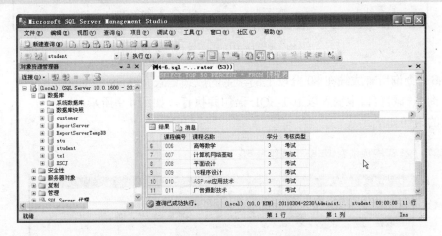

图 4-7 返回查询结果的前 n%的记录

注意：使用"PERCENT"关键字时，记录个数可能出现小数部分，显示时会把记录个数向上取整。

4.1.2 条件查询

使用 WHERE 子句可以筛选出表中满足一定条件的记录，即完成关系的选择运算。WHERE

子句后面跟的是逻辑表达式，该表达式定义了返回结果需符合的条件，满足条件的行被返回，不满足条件的行则不返回。

WHERE 子句的限定条件可以有多种表达形式，下面分别进行讨论。

1. 使用比较运算符

比较运算符包括以下几个：等于(=)、大于(>)、小于(<)、大于等于(>=)、小于等于(<=)、不等于(!=或<>)、不大于(!>)、不小于(!<)。

例 4-7 查询所有女生的基本信息。

在查询编辑器窗口中输入以下 T-SQL 语句并执行，结果如图 4-8 所示。

使用的语句如下。

```
SELECT * FROM 学生表 WHERE 性别='女'
```

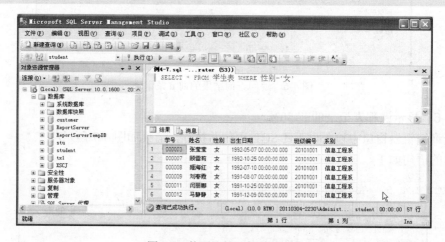

图 4-8　使用比较运算符 "="

例 4-8 查询所有成绩在 80 分以上的学生的成绩记录。

在查询编辑器窗口中输入以下 T-SQL 语句并执行，如图 4-9 所示。

使用的语句如下。

```
SELECT * FROM 成绩表 WHERE 成绩>=80
```

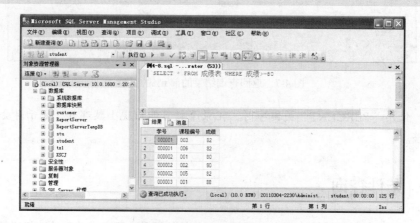

图 4-9　使用比较运算符 ">="

2. 使用逻辑运算符

逻辑运算符包括 3 个, 分别是 AND、OR、NOT。

例 4-9 查询信息工程系出生日期在 1992 年 1 月 1 日之前的学生的基本信息。

在查询编辑器窗口中输入以下 T-SQL 语句并执行, 结果如图 4-10 所示。

使用的语句如下。

```
SELECT * FROM 学生表
WHERE 系别='信息工程系' AND 出生日期<'1992-01-01'
```

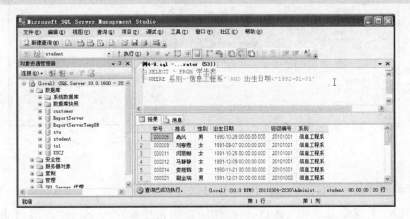

图 4-10 使用逻辑运算符 AND

例 4-10 查询信息工程系、水利工程系的学生基本信息。

在查询编辑器窗口中输入以下 T-SQL 语句并执行, 结果如图 4-11 所示。

使用的语句如下。

```
SELECT * FROM 学生表
WHERE 系别='信息工程系' OR 系别='水利工程系'
```

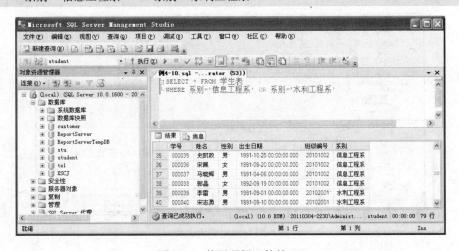

图 4-11 使用逻辑运算符 OR

例 4-11 查询不是考试课的课程基本信息。

在查询编辑器窗口中输入以下 T-SQL 语句并执行, 结果如图 4-12 所示。

使用的语句如下。

```
SELECT * FROM 课程表
WHERE NOT 考核类型='考试'
```

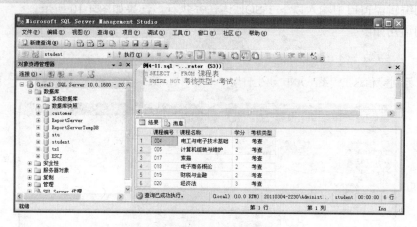

图4-12　使用逻辑运算符 NOT

3. 限定查询范围

BETWEEN 关键字总是和 AND 一起使用，用来检索在一个指定范围内的信息，NOT BETWEEN 检索不在某个指定范围内的信息。

例4-12　查询成绩不及格学生的成绩信息。

在查询编辑器窗口中输入以下 T-SQL 语句并执行，结果如图4-13 所示。

使用的语句如下。

```
SELECT * FROM 成绩表
WHERE 成绩 BETWEEN 0 AND 59
```

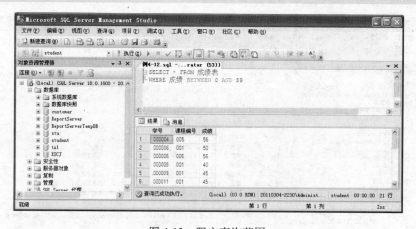

图4-13　限定查询范围

例4-13　查询成绩及格学生的成绩信息。

在查询编辑器窗口中输入以下 T-SQL 语句并执行，结果如图4-14 所示。

使用的语句如下。

```
SELECT * FROM 成绩表
WHERE 成绩 NOT BETWEEN 0 AND 59
```

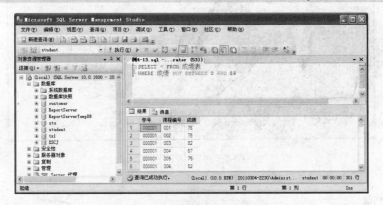

图4-14　限定不在某一范围之内

4．使用列表

使用 IN 和 NOT IN 关键字查询与 IN 子句中的列表中指定的项匹配或不匹配的记录。指定项必须用括号括起来，并用逗号隔开，表示"或"的关系。

例4-14　使用 IN 子句重做例 4-10 的查询。

在查询编辑器窗口中输入以下 T-SQL 语句并执行，结果如图 4-15 所示。

使用的语句如下。

```
SELECT * FROM 学生表
WHERE 系别 IN('信息工程系','水利工程系')
```

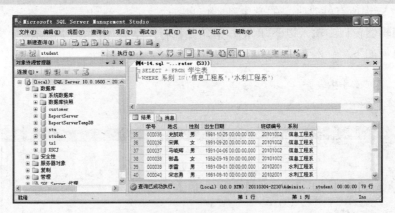

图4-15　使用 IN 子句

例4-15　查询不是信息工程系、水利工程系的学生基本信息。

在查询编辑器窗口中输入以下 T-SQL 语句并执行，结果如图 4-16 所示。

使用的语句如下。

```
SELECT * FROM 学生表
WHERE 系别 NOT IN('信息工程系','水利工程系')
```

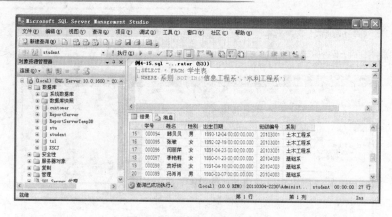

图 4-16 使用 NOT IN 子句

5. 模糊查询

LIKE 关键字用于查询与指定的某些字符串表达式模糊匹配的数据行。LIKE 后的表达式被定义为字符串，必须用单引号（''）括起来，字符串中可以使用 4 种通配符。它们是：

- %：可匹配任意类型和长度的字符串。
- _（下划线）：可匹配任何单个字符。
- [ ]：指定范围或集合中的任何单个字符。
- [^]：不属于指定范围或集合的任何单个字符。

例如：LIKE'张%'匹配以"张"开始的字符串；LIKE'_莉%'匹配的是第 2 个字为"莉"的任意字符串；LIKE'%莉%'匹配的是前后字符为任意，中间含有"莉"两个字的字符串。[a-d]匹配的是 a、b、c、d 单个字符；LIKE'n[^x-z]%'匹配所有以字母 n 开始并且第 2 个字母不为 x、y、z 的所有字符串。

例 4-16 查询所有姓"张"的学生基本信息。

在查询编辑器窗口中输入以下 T-SQL 语句并执行，结果如图 4-17 所示。

使用的语句如下。

```
SELECT * FROM 学生表
WHERE 姓名 LIKE '张%'
```

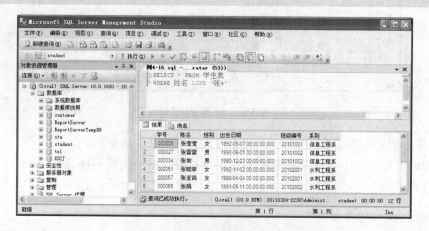

图 4-17 查询姓"张"的学生信息

例 4-17 查询名字的第二个字是"莉"的学生基本信息。

在查询编辑器窗口中输入以下 T-SQL 语句并执行,结果如图 4-18 所示。

使用的语句如下。

```
SELECT * FROM 学生表
WHERE 姓名 LIKE '_莉%'
```

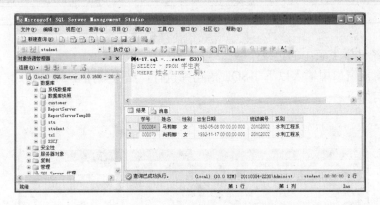

图 4-18　查询名字第二个字是"莉"的学生信息

例 4-18 查询名字中有"莉"的学生基本信息。

在查询编辑器窗口中输入以下 T-SQL 语句并执行,结果如图 4-19 所示。

使用的语句如下。

```
SELECT * FROM 学生表
WHERE 姓名 LIKE '%莉%'
```

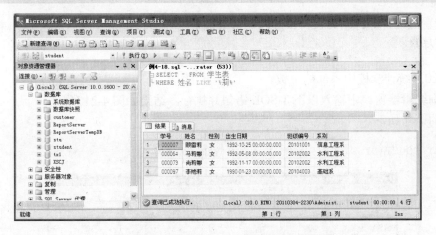

图 4-19　查询名字中有"莉"的学生信息

4.1.3　分组和计算查询

1. 使用聚合函数

常用聚合函数及其功能如表 4-1 所示。

数据库基础与应用

表 4-1 常用聚合函数及其功能

COUNT （*）	统计记录个数
COUNT （[distinct] 列名）	统计一列中值的个数
SUM （[distinct] 列名）	计算一列值的总和
AVG （[distinct] 列名）	计算一列值的平均值
MAX （[distinct] 列名）	求一列值中的最大值
MIN （[distinct] 列名）	求一列值中的最小值

例 4-19 统计学生表中的记录个数。

在查询编辑器窗口中输入以下 T-SQL 语句并执行，结果如图 4-20 所示。

使用的语句如下。

```
SELECT COUNT(*) FROM 学生表
```

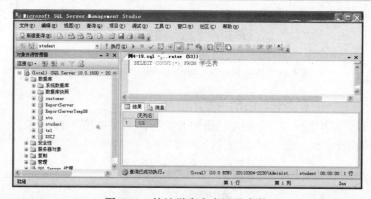

图 4-20 统计学生表中记录个数

注意：通过计算得到的值输出时的列名默认是 "无列名"，可以使用 "AS" 来指定输出时的列标题。

例 4-20 统计学校中系部的个数。

在查询编辑器窗口中输入以下 T-SQL 语句并执行，结果如图 4-21 所示。

使用的语句如下。

```
SELECT COUNT(DISTINCT 系别) AS 系部个数 FROM 学生表
```

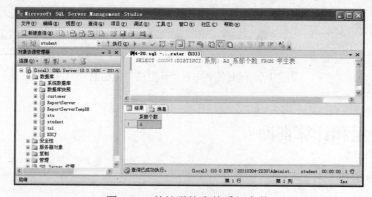

图 4-21 统计学校中的系部个数

例 4-21 查询学号为"000001"的学生的总成绩，平均成绩，最高分和最低分。

在查询编辑器窗口中输入以下 T-SQL 语句并执行，结果如图 4-22 所示。

使用的语句如下。

```
SELECT SUM(成绩) AS 总分,AVG(成绩) AS 平均分,
MAX(成绩) AS 最高分,MIN(成绩) AS 最低分
FROM 成绩表
WHERE 学号='000001'
```

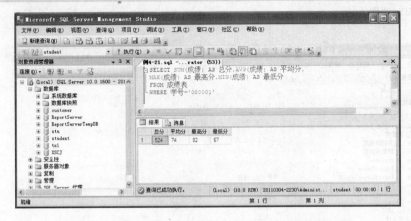

图 4-22　使用 SUM、AS、AVG、MAX、MIN 函数计算

2. GROUP BY 子句的使用

GROUP BY 子句用于对查询的结果集进行分组，分组的目的就是对分组后的数据进行统计，因此在使用 GROUP BY 子句的 SELECT 子句中一般都使用聚合函数。

例 4-22 统计每个学生的选修课程门数，总成绩和平均成绩。

在查询编辑器窗口中输入以下 T-SQL 语句并执行，结果如图 4-23 所示。

使用的语句如下。

```
SELECT 学号,COUNT(课程编号) AS 选修课程门数,
SUM(成绩) AS 总分,AVG(成绩) AS 平均分
FROM 成绩表
GROUP BY 学号
```

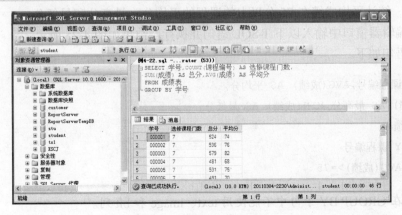

图 4-23　以学号分组计算

例4-23 统计每门课程的平均分、最高分和最低分。

在查询编辑器窗口中输入以下 T-SQL 语句并执行，结果如图4-24所示。

使用的语句如下。

```
SELECT 课程编号,AVG(成绩) AS 平均分,
MAX(成绩) AS 最高分,MIN(成绩) AS 最低分
FROM 成绩表
GROUP BY 课程编号
```

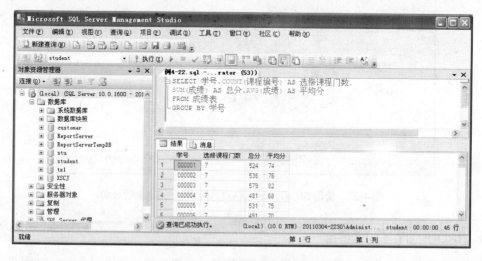

图4-24 以课程编号分组计算

注意：当使用 GROUP BY 子句进行分组时，SELECT 子句的选项列表只能包含聚合函数或 GROUP BY 子句中的列。

3. HAVING 子句的使用

HAVING 用于限定组或聚合函数的查询条件，通常用在 GROUP BY 子句之后，其作用与 WHERE 子句类似。但 WHERE 子句是对原始记录进行筛选，HAVING 子句对查询结果进行筛选。

例4-24 统计平均成绩在75分以上的课程的平均分、最高分和最低分。

在查询编辑器窗口中输入以下 T-SQL 语句并执行，结果如图4-25所示。

使用的语句如下。

```
SELECT 课程编号,AVG(成绩) AS 平均分,
MAX(成绩) AS 最高分,MIN(成绩) AS 最低分
FROM 成绩表
GROUP BY 课程编号
HAVING AVG(成绩)>=75
```

注意：在 GROUP BY 子句中不能使用 text、image 和 bit 列。

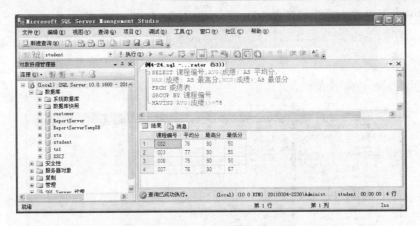

图 4-25 分组后使用 HAVING 筛选查询结果

4.1.4 排序

ORDER BY 子句对查询结果集中的行进行重新排序。ASC 和 DESC 关键字分别用于指定按升序或降序排序。如果省略 ASC 或 DESC，则系统默认为升序。

可以在 ORDER BY 子句中指定多个排序列，即嵌套排序，检索结果首先按第 1 列进行排序，对第 1 列值相同的那些数据行，再按照第 2 列排序……以此类推。

例 4-25 将学生平均成绩按降序排序。

在查询编辑器窗口中输入以下 T-SQL 语句并执行，结果如图 4-26 所示。

使用的语句如下。

```
SELECT 学号,AVG(成绩) AS 平均分
FROM 成绩表
GROUP BY 学号
ORDER BY AVG(成绩) DESC
```

图 4-26 对查询结果排序

例 4-26 查询成绩表中的全部信息，要求查询结果首先按学号升序排序，学号相同时，按成绩降序排序。

在查询编辑器窗口中输入以下 T-SQL 语句并执行，如图 4-27 所示。

使用的语句如下。

```
SELECT * FROM 成绩表
ORDER BY 学号,成绩 DESC
```

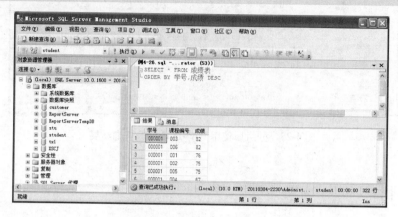

图 4-27   多个排序关键字

注意：在 ORDER BY 子句中不能使用 text 和 image 列。

4.2   实现多表数据查询——复杂 SELECT 语句

4.2.1   连接查询

在数据库的应用中，经常需要从多个相关的表中查询数据，这就需要使用连接查询。由于连接涉及多个表及其之间的引用，所以列的引用均必须明确，对于重复的列名必须用表名限定。

SQL Server 2008 中的连接查询有两种语法形式，分别需要在 FROM 子句或 WHERE 子句中定义连接条件。

在 FROM 子句中定义连接的语法形式为：

```
FROM 表 1 [连接类型] JOIN 表 2 ON 表 1.列=表 2.列
在 WHERE 子句中定义连接的语法形式为：
FROM 表 1,表 2
WHERE 表 1.列 连接操作 表 2.列
```

但由于在 FROM 子句中指定连接条件有助于区分连接条件与 WHERE 子句中指定的搜索条件，所以建议使用 FROM 子句的方法。连接的类型有内连接、外连接、交叉连接和自连接。

例 4-27   在学生表和成绩表中查询学生的学号，姓名，课程编号和成绩信息。

在查询编辑器窗口中输入以下 T-SQL 语句并执行，结果如图 4-28 所示。

使用的语句如下。

```
SELECT 学生表.学号,姓名,课程编号,成绩
FROM 学生表,成绩表
WHERE 学生表.学号=成绩表.学号
```

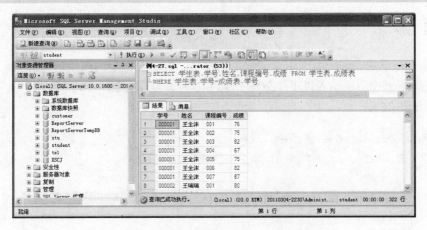

图 4-28　使用 WHERE 子句实现连接查询

1. 内连接

内连接（INNER JOIN）是 T-SQL 中最典型且使用最多的连接方式。如果使用了内连接，则查询返回的结果是两个表中相匹配的记录，而相连的两个表中不匹配的记录则不显示。在一个 JOIN 语句中可以连接多个 ON 子句。

例 4-28　在学生表、课程表和成绩表中查询学生的学号，姓名，课程名和成绩信息。

在查询编辑器窗口中输入以下 T-SQL 语句并执行，结果如图 4-29 所示。

使用的语句如下。

```
SELECT 学生表.学号,姓名,课程名称,成绩
FROM 学生表
INNER JOIN 成绩表 ON (学生表.学号=成绩表.学号)
INNER JOIN 课程表 ON (课程表.课程编号=成绩表.课程编号)
```

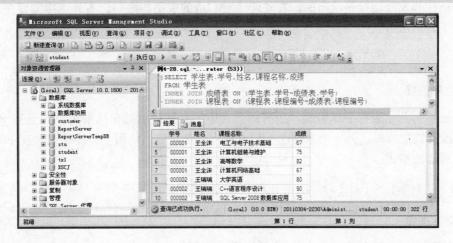

图 4-29　内连接

2．左外连接

左外连接对连接条件中左边的表不加限制。左外连接需要在 FROM 子句中采用下列语法格式：

```
FROM 左表名 LEFT [OUTER] JOIN 右表名 ON 连接条件
```

例 4-29 在学生表和成绩表中查询学生的学号、姓名及该生的成绩信息。

在查询编辑器窗口中输入以下 T-SQL 语句并执行，结果如图 4-30 所示。

使用的语句如下。

```
SELECT 学生表.学号,姓名,课程编号,成绩
FROM 学生表 LEFT JOIN 成绩表 ON 学生表.学号=成绩表.学号
```

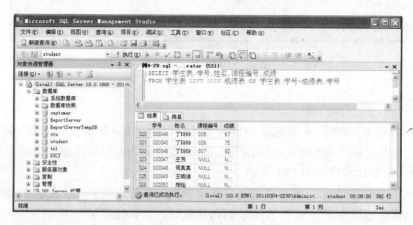

图 4-30　左外连接

根据查询结果可知，如果左表中的某一行在右表中没有匹配行，则在结果集中，来自右表的所有选择列表列均为空值。

3．右外连接

右外连接和左外连接是反向的，右外连接对右边的表不加限制。右外连接需要在 FROM 子句采用下列语法格式：

```
FROM 左表名 RIGHT [OUTER] JOIN 右表名 ON 连接条件
```

4．全外连接

全外连接对两个表都不加限制，所有两个表中的行都会包括在结果集中。当某一行在另一个表中没有匹配行时，另一个表的选择列表列将包含空值。使用全外连接需要在 FROM 子句采用下列语法格式：

```
FROM 左表名 FULL [OUTER] JOIN 右表名 ON 连接条件
```

5．交叉连接

交叉连接也叫非限制连接，它将两个表不加任何约束地组合起来。在数学上，就是两个

表的笛卡儿积。

例4-30 查询学生表和成绩表的交叉连接。

在查询编辑器窗口中输入以下 T-SQL 语句并执行，结果如图 4-31 所示。

使用的语句如下。

```
SELECT * FROM 学生表,成绩表
```

图 4-31 交叉连接

注意：交叉连接后得到的结果集的行数是两个被连接表的行数的乘积。

6. 自连接

自连接就是一个表与它自身的不同行进行连接。因为表名要在 FROM 子句中出现两次，所以需要对表指定两个别名，使之在逻辑上成为两张表。在 SELECT 子句中引用的列名也要使用表的别名进行限定。

例4-31 在学生表查找同名的学生信息。

在查询编辑器窗口中输入以下 T-SQL 语句并执行，结果如图 4-32 所示。

使用的语句如下。

```
SELECT A1.* FROM 学生表 A1,学生表 A2
WHERE A1.姓名=A2.姓名 AND A1.学号<>A2.学号
```

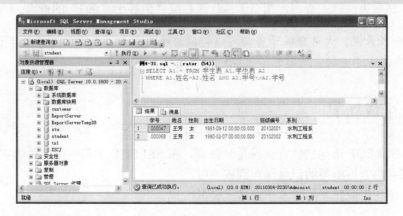

图 4-32 自连接

4.2.2 子查询

子查询是在查询中嵌套另一个查询的查询。它本身是一个 SELECT 查询，可以代替表达式出现在 WHERE 子句中。任何允许使用表达式的地方都可以使用子查询。

子查询的表现形式有：使用比较运算符、使用 IN 关键字、使用 ANY 或 ALL 关键字以及使用 EXISTS 关键字。

子查询可以多重嵌套，系统执行时依次从内层到外层进行。

注意：为了区分子查询和主查询，子查询应加小括号。

例 4-32 查询选修"SQL Server 2008 数据库应用"课程的学生的学号和成绩。

在查询编辑器窗口中输入以下 T-SQL 语句并执行，结果如图 4-33 所示。

使用的语句如下。

```
SELECT 学号,成绩 FROM 成绩表 WHERE
课程编号 IN(SELECT 课程编号 FROM 课程表
WHERE 课程名称='SQL Server 2008 数据库应用')
```

图 4-33 子查询

该语句执行时先执行子查询，得到课程名称为"SQL Server 2008 数据库应用"的课程编号为"003"，然后再执行主查询，相当于执行课程编号值等于"003"的查询。

注意：一般来说，大部分的子查询可以转换为连接查询，而且因为连接查询利用优化算法，其效率高于子查询，所以应尽可能地使用连接查询。

4.2.3 生成新表

实际上，SELECT 语句的执行结果是一张表，在 SELECT 子句中使用关键字 INTO 可以创建一个新表并将查询所得的记录保存到该表中。

SELECT 子句生成新表的基本语法格式如下：

```
SELECT<表达式>INTO <新表名>
```

1. 生成临时表

当 SELECT 子句创建的表名前有"#"或"##"时，所创建的表就是一个临时表。其中表名前加"#"的是本地临时表，加"##"的是全局临时表。

例 4-33　创建补考学生临时表，包括学号、课程编号和成绩。

在查询编辑器窗口中输入以下 T-SQL 语句并执行，结果如图 4-34 所示。

使用的语句如下。

```
SELECT * INTO ##补考表 FROM 成绩表 WHERE 成绩<60
```

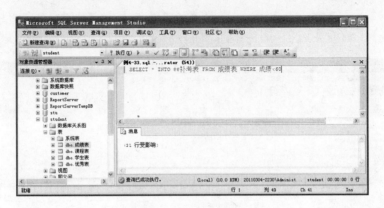

图 4-34　生成临时表

注意：本地临时表仅在当前会话中可见，当创建该表的用户断开连接时就由系统自动删除。全局临时表对任何用户均可见，当所有用户断开连接时由系统自动删除。临时表也可以用 DROP TABLE 语句显示删除。

2. 生成永久表

当 SELECT 子句创建的表名前未加"#"或"##"时，所创建的表就是永久表。

例 4-34　创建成绩为优秀的学生表，包括学号、课程编号和成绩。

在查询编辑器窗口中输入以下 T-SQL 语句并执行，结果如图 4-35 所示。

使用的语句如下。

```
SELECT * INTO 优秀表 FROM 成绩表 WHERE 成绩>=90
```

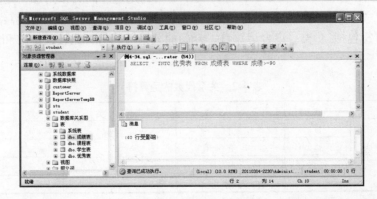

图 4-35　生成永久表

4.2.4 集合运算

表是一种特殊的集合,使用运算符 UNION 可以将两个或两个以上的查询结果集合并为一个结果集。

例 4-35 把补考表和优秀表进行联合查询。

在查询编辑器窗口中输入以下 T-SQL 语句并执行,结果如图 4-36 所示。

使用的语句如下。

```
(SELECT * FROM ##补考表)
UNION
(SELECT * FROM 优秀表)
```

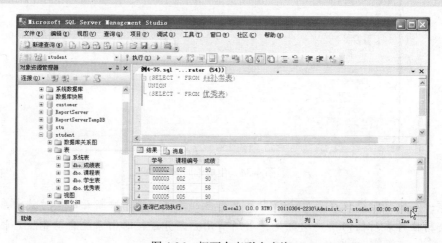

图 4-36 把两个表联合查询

注意:参与并运算的表中的列数和列的顺序必须相同且数据类型必须兼容。

4.3 数据库原理(四)——关系代数

关系代数是 E.F.Codd 于 1972 年首先提出的。它是一种抽象的查询语言,用对关系的运算来表达查询。关系代数是一种代数的符号,其中的查询是通过向关系附加特定的操作符来表示的。作为研究关系数据语言的数学工具,关系代数的运算对象是关系,运算结果亦为关系。关系代数的运算符包括 4 类:集合运算符、专门的关系运算符、比较运算符和逻辑运算符,如表 4-2 所示。

表 4-2 关系代数的运算符

运算符分类	运 算 符	含 义	运算符分类	运 算 符	含 义
集合运算符	∪	并	专门的关系运算	σ	选择
	∩	交		π	投影
	-	差		⋈	连接
	×	广义笛卡儿积		÷	除

续表

运算符分类	运 算 符	含 义	运算符分类	运 算 符	含 义
比较运算符	>	大于	逻辑运算符	¬	非
	≥	大于等于		∧	与
	<	小于			
	≤	小于等于			
	=	等于		∨	或
	≠	不等于			

按照运算符的不同，关系代数的运算主要分为传统的集合运算和专门的关系运算两类。

● 传统的集合运算：并、差、交、笛卡儿积。
● 专门的关系操作：选择、投影、连接和除。

4.3.1 传统的集合运算

传统的集合运算是二目运算，包括并、交、差、广义笛卡儿积四种运算。

设关系 R 和关系 S 具有相同的目 n（即两个关系都有 n 个属性），且相应的属性取自同一个域。

1. 并

关系 R 与关系 S 的并（Union）是属于 R 或属于 S 的所有元组组成。记作：

$$R \cup S = \{t \mid t \in R \vee t \in S\}$$

其结果关系仍为 n 目关系。

需要注意的是，并运算的结果中应删除重复元组。

2. 交

关系 R 与关系 S 的交（Intersection）由既属于 R 又属于 S 的所有元组组成，记作：

$$R \cap S = \{t \mid t \in R \wedge t \in S\}$$

其结果关系仍为 n 目关系。

3. 差

关系 R 与关系 S 的差（Difference）由属于 R 而不属于 S 的所有元组组成。记作：

$$R - S = \{t \mid t \in R \wedge t \notin S\}$$

其结果关系仍为 n 目关系。

4. 笛卡儿积

两个分别为 n 目和 m 目的关系 R 和 S 的笛卡儿积（Product）是一个 $(n+m)$ 列的元组的集合。元组的前 n 列是关系 R 的一个元组，后 m 列是关系 S 的一个元组。若 R 有 k_1 个元组，S 有 k_2 个元组，则关系 R 和关系 S 的笛卡儿积有 $k_1 \times k_2$ 个元组。记作：

$$R \times S = \{(r_1, \cdots, r_n, s_1, \cdots, s_m) \mid (r_1, \cdots, r_n) \in R \wedge (s_1, \cdots, s_m) \in S\}$$

需要注意的是，该笛卡儿积是定义在关系上的，所以也称为广义笛卡儿积。

例 4-36 设关系 R（如表 4-3 所示）和关系 S（如表 4-4 所示）具有相同的关系模式，分

别求关系 R 和关系 S 的并、交、差和笛卡儿积。

关系 R 和关系 S 的并 $R \cup S$ 如表 4-5 所示，交 $R \cap S$ 如表 4-6 所示，差 $R-S$ 如表 4-7 所示，笛卡尔积 $R \times S$ 如表 4-8 所示。

表 4-3 关系 R

A	B	C
a	b	c
d	e	g
e	a	d

表 4-4 关系 S

A	B	C
f	c	a
d	e	g

表 4-5 关系的并

A	B	C
a	b	c
d	e	g
e	a	d
f	c	a

表 4-6 关系的交

A	B	C
d	e	g

表 4-7 关系的差

A	B	C
a	b	c
e	a	d

表 4-8 关系的广义笛卡儿积

A	B	C	A	B	C
a	b	c	f	c	a
a	b	c	d	e	g
d	e	g	f	c	a
d	e	g	d	e	g
e	a	d	f	c	a
e	a	d	d	e	g

4.3.2 专门的关系操作

1. 选择

选择运算（Selection）是在关系中选择满足某种条件的元组。其中的条件是以逻辑表达式给出的，使得逻辑表达式的值为真的元组将被选取。设关系为元关系，则关系的选择操作记作：

$$\sigma_F(R) = \{t | t \in R \wedge F(t) = \text{true}\}$$

其中 F 表示选择条件，它是一个逻辑表达式，取逻辑值"真"或"假"。

选择是从行的角度进行运算的。

例 4-37 由学生关系 S，求所有女生的记录。

用选择运算求解，表示为：

$$\sigma_{\text{性别}='女'}(S) \text{或} \sigma_{3='女'}(S)$$

运算结果如表 4-9 所示。

表 4-9　关系 S 的选择运算结果

学　号	姓　名	性　别	出 生 日 期	班 级 编 号	系　别
000003	张莹莹	女	1992-05-07	20101001	信息工程系
000007	顾雷莉	女	1992-10-25	20101001	信息工程系
⋮	⋮	⋮	⋮	⋮	⋮

2．投影

投影运算（Projection）是从关系中挑选出若干属性组成新的关系。经过投影运算可以得到一个新关系，其关系模式所包含的属性个数往往比原关系少，或者属性的排列顺序不同。因此，投影运算提供了垂直调整关系的手段。如果新关系中包含重复元组，则要删除重复元组。

设关系为元关系，则关系的投影操作记作：

$$\pi_{X(R)} = \{t[X] \mid t \in R\}$$

其中 X 为 R 的属性集。

投影是从列的角度进行运算的。

例 4-38　由学生关系 S，求所有学生的姓名和性别。

用投影运算求解，表示为：

$$\pi_{\text{学号, 姓名}(S)} \quad \text{或} \quad \pi_{1,2(S)}$$

运算结果如表 4-10 所示。

表 4-10　关系 S 的投影运算结果

学　号	姓　名
000001	王全沫
000002	王瑞瑞
000003	张莹莹
000004	李元方
⋮	⋮

3．连接

连接（Join）操作是将两个关系连在一起，形成一个新的关系。实际上，连接操作是广义笛卡儿积和选择运算的组合。

（1）θ 联结

θ 联结是从两个关系的笛卡儿积中选取属性间满足某一 θ 操作的元组。记作：

$R \bowtie S = \sigma_{A\theta B}(R \subseteq S)$，其中 A、B 为关系 R、S 中的属性，θ 为关系运算符。

（2）等值联结

θ 为 "＝" 的连接运算称为等值连接。它是从关系 R 与 S 的笛卡儿积中选取 A、B 属性值相等的那些元组。等值连接表示为：$RA=BS$。

（3）自然联结

自然连接（Natural join）是一种特殊的等值连接，要求两个关系中进行比较的分量必须是相同的属性组，并且要在结果中把重复的属性去掉。即若 R 和 S 具有相同的属性组 B，则自然连接可记作：

$$R \bowtie S = \pi_{i1,\cdots,im}(\sigma_{R.A1=S.A1 \wedge \cdots \wedge R.AK=S.AK}(R \subseteq S))$$

显然，自然连接是构造新关系的一种有效办法是关系代数中常用的一种运算。

（4）自然连接具体的计算过程如下：

① 计算 $R \times S$。

② 设 R 和 S 的公共属性是 $A_1,\cdots,A_k$，挑选中满足 $R.A_1=S.A_1,\cdots,R.A_k=S.A_k$ 的那些元组。

③ 去掉 $S.A_1,\cdots,S.A_k$ 的那些列。如果两个关系中没有公共属性，那么其自然连接就转化为笛卡儿积操作。

例 4-39　关系 R（如表 4-11 所示）和关系 S（如表 4-12 所示），分别计算 R 与 S 的等值连接（如表 4-13 所示）和自然连接（如表 4-14 所示）。

表 4-11　关系 R

A	B	C
a	2	c
d	1	g
e	4	d

表 4-12　关系 S

A	B
g	6
d	1
b	3
e	4

表 4-13　等值连接

A	B	C	A	B
d	1	g	d	1
e	4	d	e	4

表 4-14　自然连接

A	B	C
d	1	g
e	4	d

4. 除

给定关系 $R(X, Y)$ 和 $S(Y, Z)$，其中 X，Y，Z 为属性组。R 中的 Y 与 S 中的 Y 可以有不同的属性名，但必须出自相同的域集。R 与 S 的除运算（Division）得到一个新的关系 $P(X)$，P 是 R 中满足下列条件的元组在 X 属性列上的投影：元组在 X 上分量值 x 的象集 Y_x 包含 S 在 Y 上投影的集合。记作：

$$R \div S = \{ t_r[X] \mid t_r \in R \wedge_Y(S) \subseteq Y_x\}$$

其中 Y_x 为 x 在 R 中的象集，$x = t_r[X]$。

除操作是同时从行和列角度进行运算。

例 4-40　关系 R（如表 4-15 所示）和关系 S（如表 4-16 所示），计算 $R \div S$（如表 4-17 所示）。

表 4-15　关系 R

A	B	C
a_1	b_1	c_1
a_2	b_1	c_2
a_3	b_1	c_2
a_1	b_2	c_3
a_4	b_5	c_2
a_2	b_4	c_1
a_1	b_3	c_5

表 4-16　关系 S

B	C
b_1	c_2
b_2	c_3
b_3	c_5

表 4-17　$R \div S$

A
a_1

本章小结

本章讲解 SQL Server 2008 中对表中数据的查询方法，主要包括以下内容：

- SELECT 语句的基本语法格式
- SELECT 语句的单表及条件查询
- SELECT 语句的排序、分组计算查询
- SELECT 语句的连接与嵌套查询
- 把 SELECT 语句的查询结果生成新表
- 关系代数

通过本章内容的学习，读者应该能灵活掌握使用 SELECT 语句查询表中数据的方法，了解关系运算的相关知识，掌握关系代数的运算方法。

习题 4

1．写出 SELECT 语句的基本语法格式。

2．在 SELECT 语句中，有哪几种为字段名指定别名的形式，在什么情况下需要为字段名指定别名？

3．试比较 WHERE 子句与 HAVING 子句的异同。

4．试说明当 SELECT 语句中使用 GROUP BY 子句时，对 SELECT 子句的要求。

5．试比较连接查询与子查询的异同

6．在什么情况下需要生成新表，使用 INTO 可以生成哪两类新表，分别在什么情况下使用哪类新表？

7．关系代数的运算有几类，分别是什么？

8．笛卡儿积、连接、等值连接、自然连接有什么区别？

实训 4 检索数据

实验目的：掌握 SQL Server 2008 中检索表中记录的方法。

操作步骤：

1．在 student 数据库中练习例 4-1~例 4-35；

2．查看学生表中的全部信息；

3．显示学生表中每位学生的学号、姓名、出生日期；

4．从学生表中查看学校中有哪些班级；

5．显示成绩表的前 10 行；

6．查询成绩在 60~90 分的学生的学号、课程号和成绩；

7．查询所有姓李的学生的学号和姓名；

8．查询名字中有"丽"的学生信息；

9．查询"20101001"班所有女同学的学号，姓名，性别和班级等字段的信息；

10．从成绩表中查看课程编号为"002"、"003"、"006"的学生成绩；

11．将成绩表中课程编号为"003"的课程成绩按降序排序；

12．从成绩表和课程表中查看所有学生"C++语言程序设计"课程成绩；

13．从成绩表和课程表中查看"C++语言程序设计"课程的最高分、最低分、平均成绩；

14．对所有学生按学号分组并计算每人的选修课程门数、总成绩、平均成绩；

15．查看平均成绩在80分以上学生的成绩、课程名称、学生姓名；

16．查询成绩不及格学生的学号、姓名、课程名称、成绩，并按照课程编号的升序排序，规定当课程编号相同时，按成绩的降序排序。

第5章

Transact-SQL 编程基础

本章要点

➤ 了解 SQL 语言
➤ 掌握 Transact-SQL 程序设计语言
➤ 综合运用变量、表达式、函数及流控语句等编写应用程序代码

5.1 了解编程语言——Transact-SQL 基础

5.1.1 SQL 与 Transact–SQL

1. SQL 概述

SQL 是结构化查询语言（Structured Query Language）的缩写，是一种数据库应用语言。SQL 最早是 IBM 的圣约瑟研究实验室为其关系数据库管理系统 System R 开发的一种查询语言，由于其结构简洁，功能强大，简单易学，所以得到了广泛的应用，目前大多数数据库供应商都支持 SQL 语言作为查询语言。

美国国家标准局（ANSI）在 1986 年制定了 SQL 标准，称为 ANSI SQL-86，并于 1989 年和 1992 年对其进行了扩充和完善，即 ANSI SQL-89 和 ANSI SQL-92。Microsoft 公司采用 Transact-SQL 作为 SQL Server 的核心组件，简称 T-SQL。T-SQL 遵循 ANSI 制定的 SQL-92 标准，并对其进行了扩展，加入了程序流程控制结构、变量和其他一些元素，增强了可编程性和灵活性。

在使用 SQL 语言的过程中，用户不需要知道数据库中的数据是如何定义和怎样存储的，只需要知道表和列的名字，即可从表中查询出需要的信息。

SQL 语言特别适合于 Client/Server 体系结构，客户用 SQL 语句发出请求，服务器处理用户发出的请求，客户与服务器之间任务划分明确。但 SQL 语言本身不是独立的程序设计语言，不能进行屏幕界面设计和控制打印等，因此通常将 SQL 语言嵌入到程序设计语言（如 Visual Basic、C 语言、Delphi 等）中使用。

2．Transact-SQL 组成

Transact-SQL 语言包括以下四个部分：

- 数据定义语言(DDL)：定义和管理数据库及其对象，例如，Create、Alter 和 Drop 等语句。
- 数据操作语言(DML)：操作数据库中各对象，例如，Insert、Update、Delete 和 Select 语句。
- 数据控制语言(DCL)：进行安全管理和权限管理等，例如，Grant、Revoke、Deny 等语句。
- 附加的语言元素：Transact-SQL 语言的附加语言元素，包括变量、运算符、函数、注释和流程控制语句等。

其中，数据定义语言、数据操作语言和数据控制语言在本书相应的章节中分别进行介绍，本章重点介绍 Transact-SQL 语言的附加语言元素。

3．Transact-SQL 语法规则

为方便用户更好地掌握与使用 Transact-SQL 语言，需要首先向读者介绍 Transact-SQL 中涉及的语法规则，如表 5-1 所示。

表 5-1　Transact-SQL 语法规则

语　法　规　则	功　能　描　述
大写	Transact-SQL 关键字
斜体或小写字母	Transact-SQL 语法中用户提供的参数
| (竖线)	分隔括号或大括号内的语法项目。只能选择一个项目
[] (方括号)	可选语法项目。不必输入方括号
{} (大括号)	必选语法项目。不要输入大括号
[,...n]	表示前面的项可重复 *n* 次。每一项由逗号分隔
[...n]	表示前面的项可重复 *n* 次。每一项由空格分隔
加粗	数据库名、表名、列名、索引名、存储过程、实用工具、数据类型名以及必须按所显示的原样输入的文本
<标签> ::=	语法块的名称。此规则用于对可在语句中的多个位置使用的过长语法或语法单元部分进行分组和标记。适合使用语法块的每个位置由括在尖括号内的标签表示：<标签>

5.1.2　基本语句

Transact-SQL 程序设计对于 SQL Server 2008 是至关重要的，是使用 SQL Server 2008 的主要形式之一。

1．注释语句

注释是对程序的说明解释。SQL Server 2008 提供了两类注释符：

- --：单行注释。
- /*...*/：多行注释，"/*" 在开头，"*/" 在结尾。

对程序的注释可以书写为单独的一行，也可以书写在一个完整的 Transact-SQL 语句的后面。一般使用注释对程序进行说明，例如，变量的含义、程序的功能描述、基本思想等，增

加程序的可读性。另外，在调试程序的过程中，使用注释可以指定注释符作用范围内的语句不执行，便于对程序的修改和调试。

2. 定义批处理语句

批处理语句是一条或多条 Transact-SQL 语句的集合，从程序一次性地发送到 SQL Server 2008 并由 SQL Server 2008 编译为一个可执行单元，一次性执行。如果批处理中的任何一条语句存在语法错误，则整个批处理将不能编译和执行。

定义批处理结束的语法格式为：

```
GO
```

注意：GO 语句实际上不是 Transact-SQL 语句，只是用于描述批处理。CREATE VIEW、CREATE DEFAULT、CREATE TRIGGER、CREATE PROCEDURE 语句应单独构成一个批处理，不能与其他 Transact-SQL 语句在批处理中组合使用。

3. 输出语句

在程序运行过程中或程序调试时，经常需要显示一些中间结果。PRINT 语句用于向屏幕输出信息，其语法格式为：

```
PRINT <表达式>
```

5.1.3　数据类型

1. 数值类型

SQL Server 2008 中的基本数据类型如下：

数值类型包括整型和实型两类。

（1）整型数据

整数数据类型是最常用的数据类型之一，由正整数和负整数所组成，使用 bigint、int、smallint 和 tinyint 数据类型进行存储。

- bigint：可以存储-2^{63}~$2^{63}-1$ 的数字，占据 8 字节存储空间。
- int：可以存储从-2^{31}~$2^{31}-1$ 的所有整数，占据 4 字节存储空间。
- smallint：可以存储从-2^{15}~$2^{15}-1$ 的所有整数，占据 2 字节存储空间。
- tinyint：可以存储从 0~255 的所有正整数。

（2）实型数据

主要包括 real、float、decimal 和 numeric 四种类型。

- real：用于存储 7 位小数的十进制数据，所能够表示的范围为$-3.40E+38$~$3.40E+38$。
- float：可以精确到第 15 位小数，数据范围为$-1.79E+308$~$1.79E+308$。
- decimal：提供小数所需要的实际存储空间，可以存储 2~17 字节的从$-10^{38}+1$~$10^{38}-1$ 之间的数值。
- numeric：与 decimal 数据类型几乎完全相同，区别是在表格中，只有 numeric 型的数据可以带有 identity 关键字的列。

2．字符类型

常用的字符数据类型有 char、varchar 和 text。

● char：最长可以容纳 8000 个字符，并且每个字符占用一字节的存储空间。使用 char
   数据类型定义变量时，需要指定数据的最大长度。如果实际数据的字符长度小于指
   定长度，剩余的字节用空格来填充。如果实际数据的长度超过了指定的长度，则超
   出部分将会被删除。在表示字符串常量时，需要使用一对单引号 '' 将其括起来。

● varchar：该数据类型的使用方式与 char 数据类型类似。与 char 数据类型不同的是，
   varchar 数据类型所占用的存储空间由字符数据所占据的实际长度来确定。

● text：该数据类型所能表示的最大长度为 $2^{31}-1$ 即 2 147 483 647 个字符，当需要表示
   的数据类型长度超过 8000 时，可以采用 text 来处理可变长度的字符数据。

注意：字符串类型的两端应加单引号。由于 varchar 类型的字符串长度是可变的，数据
处理速度低于 char 类型，所以存储长度大于 50 的字符串时才应考虑将其定义为 varchar 类型。

3．日期时间类型

在 SQL Server 2008 中，提供了多种日期和时间数据类型，包括 date、datetime、datetime2、
datetimeoffset、smalldatetime 以及 time。对于新的工作，建议使用 time、date、datetime2 和
datetimeoffset 数据类型，因为这些类型符合 SQL 标准，而且更容易移植。time、datetime2 和
datetimeoffset 提供更高精度的秒数，datetimeoffset 可为全局部署的应用程序提供时区支持。

● date：存储范围为公元元年 1 月 1 日到公元 9999 年 12 月 31 日，存储空间大小为 3
   字节。用于客户端的默认字符串文字格式为：YYYY-MM-DD，分别表示年的 4 位数
   字，月的 2 位数字和日的 2 位数字。

● datetime：存储的日期范围从 1753 年 1 月 1 日到 9999 年 12 月 31 日，时间范围为
   00:00:00~23:59:59.999，可以精确到千分之一秒。此类型的数据占用 8 字节的存储空
   间。

● datetime2：可视为 datetime 类型的扩展，但其数据范围更大，默认的小数精度更高，
   并具有可选的用户定义的精度。存储的日期范围从公元元年 1 月 1 日到 9999 年 12
   月 31 日，时间范围为 00:00:00~23:59:59.9999999。当精度小于 3 时存储空间为 6 字
   节；当精度为 4 和 5 时存储空间为 7 字节；所有其他精度则需要 8 字节。

● datetimeoffset：用于定义一个与采用 24 小时制并可识别时区的一日内时间相组合的
   日期，存储的日期范围从公元元年 1 月 1 日到 9999 年 12 月 31 日，时间范围为
   00:00:00~23:59:59.9999999，时区的偏移量范围为-14:00~+14:00。此类型的数据占用
   10 字节的存储空间。

● smalldatetime：存储范围从 1900 年 1 月 1 日到 2079 年 6 月 6 日，可以精确到分，此
   类型的数据占 4 字节的存储空间。

● time：定义一天中的某个时间，此时间不能感知时区且基于 24 小时制。存储的时间
   范围为 00:00:00.0000000~23:59:59.9999999。

4．货币类型

SQL Server 2008 提供了 money 和 smallmoney 两种货币数据类型。

- money：占据 8 字节存储空间。每 4 字节分别用于表示货币值的整数部分及小数部分。money 的取值范围为 $-2^{63} \sim 2^{63}-1$，并且可以精确到万分之一货币单位。

- smallmoney：占据 4 字节存储空间。每 2 字节分别用于表示货币值的整数部分以及小数部分。smallmoney 的取值范围为 $-214\,748.3648 \sim +214\,748.3647$，可以精确到万分之一货币单位。

5. 二进制数据类型

- bit：存储单一的值 0 或 1。当输入 0 和 1 以外的数字时，系统自动将其转换为 1。通常用于存储逻辑量，表示"真"与"假"。

- binary[(n)]：是 n 位固定的二进制数据。其中，n 的取值范围为 1~8000。其存储空间的大小是 $n+4$ 字节。

- varbinary[(n)]：是 n 位变长度的二进制数据。其中，n 的取值范围为 1~8000。其存储空间的大小是 $n+4$ 字节，不是 n 字节。

- image：通常用于存储图形等 OLE 对象。image 数据类型中存储的数据是以位字符串存储的，不是由 SQL Server 解释的，必须由应用程序来解释。例如，应用程序可以使用 BMP、TIEF、GIF 和 JPEG 格式把数据存储在 image 数据类型中。

5.1.4　常量

常量，也称为文字值或标量值，是表示一个特定数据值的符号，在程序运行过程中其值保持不变，例如 12，23，'good luck'等。常量的格式取决于它所表示值的数据类型，下面介绍几种常用的常量格式。

1. 字符串常量

字符串常量括在单引号内并包含字母、数字字符（a~z、A~Z 和 0~9）以及特殊字符，如!、@和#。如果已为某个连接将 QUOTED_IDENTIFIER 选项设置成 Off，则字符串也可以使用双引号括起来，但建议使用单引号。

如果单引号中的字符串包含一个嵌入的引号，可以使用两个单引号表示嵌入的单引号，空字符串用中间没有任何字符的两个单引号表示。

Unicode 字符串的格式与普通字符串相似，但它前面有一个 N 标识符。N 前缀必须是大写字母。例如，'Mike'是字符串常量，而 N'Mike'则是 Unicode 常量。

2. 数值常量

数值常量以没有用引号括起来的数字字符串来表示，包括 Integer 常量、Decimal 常量、Float 和 Real 常量等，其中 Integer 常量没有小数点，例如 100，54 等；Decimal 常量包含小数点，如 123.45，5.6 等；Float 和 Real 常量使用科学记数法来表示，如 123E2，0.3E-3 等。

如果要表示一个数是正数还是负数，可以对数值常量应用+或-运算符。

3. 日期时间常量

日期时间常量使用特定格式的字符日期时间值来表示，并用单引号括起来，如'12/8/2008'，

'December 8, 2008', '21:14:20'等。

另外，二进制常量用以加前缀 0x 的十六进制形式表示，如 0x23EA5、0xBF23A 等。Bit 常量用不加引号的数字 0 和 1 表示，如果使用大于 1 的数字表示，则转换为 1。

4．空值

空值是一个特殊的量，表示值未知，不同于空白或零值，用 Null 来表示。比较两个空值或将空值与任何其他值相比均返回未知，这是因为每个空值均为未知。若要在查询中测试是否为空值，应该在 Where 语句中使用 is Null 或 is not Null，而不能使用=Null。在往表中添加记录时，如果不对某一列赋值则系统自动让该列取空值，或者也可以在 Insert 语句或 Update 语句中显式地对某列赋空值。

5.1.5　变量

变量是可以对其赋值并参与运算的一个实体，其值在运行过程中可以发生改变。变量可以分为全局变量和局部变量两类，其中全局变量由系统定义并维护，局部变量由用户定义并赋值。局部变量的用法非常广泛，除了可以参加运算构成表达式之外，还可以在程序中保存中间结果、控制循环执行次数、保存存储过程的输出结果和函数的返回值等。

1．全局变量

全局变量由系统定义，通常用来跟踪服务器范围和特定会话期间的信息，不能被用户显式地定义和赋值，但是我们可以通过访问全局变量来了解系统目前的一些状态信息。表 5-2 给出了 SQL Server 中较常用的一些全局变量。另外，有一些书中把全局变量称为系统函数。

表 5-2　Transact-SQL 中常用全局变量

变　　量	说　　明
@@error	上一条 SQL 语句报告的错误号
@@rowcount	上一条 SQL 语句处理的行数
@@identity	最后插入的标识值
@@fetch_status	上一条游标 Fetch 语句的状态
@@nestlevel	当前存储过程或触发器的嵌套级别
@@servername	本地服务器的名称
@@spid	当前用户进程的会话 id
@@cpu_busy	SQL Server 自上次启动后的工作时间

2．局部变量

局部变量一般出现在批处理、存储过程和触发器中，必须在使用前用 Declare 语句声明，声明的时候有 3 个初始操作：

- 指定局部变量名称。名称的第一个字符必须是@。
- 指定变量的数据类型，可以是系统提供的数据类型或用户自定义的数据类型。对于字符型变量，还可以指定长度；数值型变量，指定精度和小数位数。
- 赋初值 Null。

第一次声明变量时，其值设为 Null。如果要为变量赋值，可以使用 SELECT 语句或 SET 语句对变量进行赋值。SET 语句一次只能给一个局部变量赋值，SELECT 语句则可以同时给一个或多个变量赋值，赋给变量的值可以是常量、变量、函数和表达式，还可以是子查询。

例 5-1　在 student 数据库中定义两个日期时间类型的变量@max_csrq、@min_csrq，分别用于查询"学生表"中"出生日期"的最大值、最小值。

可以在查询编辑器中运行如下命令，运行结果如图 5-1 所示。

```
DECLARE @max_csrq DATETIME , @min_csrq DATETIME
SELECT @max_csrq=MAX(出生日期),@min_csrq=MIN(出生日期) FROM 学生表
PRINT @max_csrq
PRINT @mih_csrq
```

图 5-1　使用局部变量

5.1.6　Transact–SQL 运算符

1. 算术运算符

算术运算符对两个表达式执行数学运算，参与运算的表达式必须是数值数据类型或能够进行算术运算的其他数据类型。SQL Server 2008 提供的算术运算符如表 5-3 所示。加 (+) 和减 (–) 运算符也可用于对 datetime、smalldatetime、money 和 smallmoney 值执行算术运算。

表 5-3　算术运算符

运 算 符	名　　称	语　　法
+	加	Expression1 + Expression2
–	减	Expression1 – Expression2
*	乘	Expression1 * Expression2
/	除	Expression1 / Expression2
%	取余	Expression1 % Expression2

2. 赋值运算符

使用赋值运算符可以将表达式的值赋给一个变量。

等号 (=) 是唯一的 Transact-SQL 赋值运算符。

3. 字符串串联运算符

加号 (+) 是字符串串联运算符，可以用它将字符串串联起来。其他所有字符串操作都使用字符串函数进行处理。例如，'good' + ' '+ 'luck'的结果是'good   luck'。

4. 比较运算符

比较运算符用来比较两个表达式值之间的大小关系，可以用于除了 text、ntext 或 image 数据类型之外的所有数据类型。运算的结果为 True、False，通常用来构造条件表达式。表 5-4 列出了 Transact-SQL 的比较运算符。

表 5-4　比较运算符

运　算　符	名　　称	语　　法
=	等于	Expression1 = Expression2
>	大于	Expression1 > Expression2
>=	大于等于	Expression1 >= Expression2
<	小于	Expression1 < Expression2
<=	小于等于	Expression1 <= Expression2
<>或!=	不等于	Expression1 <> Expression2
!>	不大于	Expression1 !> Expression2
!<	不小于	Expression1 !< Expression2

5. 逻辑运算符

逻辑运算符用来对多个条件进行运算，运算的结果为 True 或 False，通常用来表示复杂的条件表达式。表 5-5 列出了 Transact-SQL 的逻辑运算符。

表 5-5　逻辑运算符

运　算　符	说　　明	语　　法
Not	对表达式的值取反	Not Expression
And	与，如果表达式的值都为 True，结果为 True，否则为 False	Expression1 and Expression2
Or	或，如果表达式的值都为 False，结果为 False，否则为 True	Expression1 or Expression2
Between…and	如果操作数在某个范围内，结果为 True	Expression between A and B
In	如果操作数等于值列表中的任何一个，结果为 True	Expression in (值表或子查询)
Like	如果字符型操作数与某个模式匹配，结果为 True	Expression1 like Expression2
Exists	如果子查询结果不空，结果为 True	Exists（子查询）
Any 或 Some	如果操作数与一列值中的任何一个比较结果为 True，则为 True	Expression >any(值表或子查询)
All	如果操作数与一列值中所有值的比较结果为 True，则为 True	Expression <all(值表或子查询)

5.1.7　Transact-SQL 函数

函数是能够完成特定功能并返回处理结果的一组 Transact-SQL 语句，处理结果称为"返回值"，处理过程称为"函数体"。函数可以用来构造表达式，可以出现在 SELECT 语句的选择列表中，也可以出现在 WHERE 子句的条件中。SQL Server 提供了许多系统内置函数，同时也允许用户根据需要自己定义函数。

SQL Server 提供的常用内置函数主要有以下几类：数学函数、字符串函数、日期函数、字符串转换函数、聚合函数等。

1. 数学函数

数学函数用来实现各种数学运算，如三角运算、指数运算、对数运算等，要求操作数为数值型数据，例如 decimal、integer、float、real、money、smallmoney、smallint 和 tinyint 等。Transact-SQL 语言中提供的常用数学函数如下。

- Abs（numeric_expression）：返回指定数值表达式的绝对值
- Round（numeric_expression , length [,function]）：返回一个舍入到指定的长度或精度的数值
- Floor（numeric_expression）：返回小于或等于指定数值表达式的最大整数
- Ceiling（numeric_expression）：返回大于或等于指定数值表达式的最小整数
- Power（float_expression , y）：返回指定表达式的指定幂的值
- Sqrt（float_expression）：返回指定表达式的平方根
- Square（float_expression）：返回指定表达式的平方
- Exp（float_expression）：返回指定表达式的指数值
- Log（float_expression）：返回指定表达式的自然对数
- Log10（float_expression）：返回指定表达式的以 10 为底的对数
- Sin（float_expression）：返回指定角度（以弧度为单位）的三角正弦值
- Cos（float_expression）：返回指定角度（以弧度为单位）的三角余弦值

例 5-2　求 2 的 3 次方。

可以在查询编辑器中运行如下命令进行计算，运行结果如图 5-2 所示。

使用的语句如下。

```
DECLARE @value int
SELECT @value =power(2,3)
PRINT @value
```

图 5-2　使用数学函数计算

2. 字符串函数

字符串函数对字符串进行处理，返回字符串或数值。SQL Server 提供的常用字符串函数有以下几种。

- Ascii (character_expression)：返回字符表达式中最左侧的字符的 ASCII 代码值
- Char (integer_expression)：将 int ASCII 代码转换为字符
- Substring (value_expression , start_expression , length_expression)：返回字符表达式从 start_expression 位置开始的长度为 length_expression 的子串
- Left (character_expression , integer_expression)：返回字符串中从左边开始指定个数的字符
- Right (character_expression , integer_expression)：返回字符串中从右边开始指定个数的字符
- Len (string_expression)：返回指定字符串表达式的字符数，其中不包含尾随空格
- Ltrim(character_expression)：返回删除了前导空格之后的字符表达式
- Rtrim (character_expression)：截断所有尾随空格后返回一个字符串
- Str (float_expression [, length [, decimal]])：返回由数字数据转换来的字符数据

例 5-3　返回'Microsoft SQL Server 2008'的长度。

可以在查询编辑器中运行如下命令进行计算，运行结果如图 5-3 所示。

使用的语句如下。

```
PRINT Len('Microsoft SQL Server 2008')
```

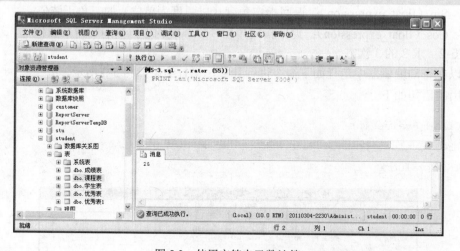

图 5-3　使用字符串函数计算

3. 日期时间函数

日期和时间函数处理日期和时间，返回日期或时间值、数字或字符串。Transact-SQL 语言中提供下列日期时间函数。

- Getdate ( )：返回系统当前的日期和时间
- Year (date)：返回表示指定 date 的"年"部分的整数
- Month (date)：返回表示指定 date 的"月"部分的整数

- Day (date)：返回表示指定 date 的"日"部分的整数
- Datename (datepart , date)：返回表示指定 date 的指定 datepart 的字符串
- Datepart (datepart , date)：返回表示指定 date 的指定 datepart 的整数
- Datediff (datepart , startdate , enddate)：根据指定 datepart 返回两个指定日期之间的差值
- Dateadd (datepart , number , date)：根据 datepart 将一个时间间隔与指定 date 的相加，返回一个新的 datetime 值

例 5-4　查询年龄大于 20 的学生情况。

可以在查询编辑器中运行如下命令进行查询，运行结果如图 5-4 所示。

使用的语句如下。

```
SELECT *
FROM 学生表
WHERE datediff(year, 出生日期, getdate())>=20
```

图 5-4　使用日期时间函数计算

日期时间函数中 datepart 参数可以取的有效值如表 5-6 所示。

表 5-6　datepart 参数值

datepart	缩　写
year	yy, yyyy
quarter	qq, q
month	mm, m
dayofyear	dy, y
day	dd, d
week	wk, ww
hour	hh
minute	mi, n
second	ss, s
millisecond	ms
microsecond	mcs
nanosecond	ns

4. 字符串转换函数

SQL Server 中经常需要进行数据类型转换，转换的方式有隐式转换和显式转换两种。隐式转换是 SQL Server 自动将数据从一种数据类型转换为另一种数据类型，用户不可见。例如执行 123 + '456'时，系统会自动地将'456'转换为 Integer 数据类型。

Convert 函数可以将一种数据类型的表达式强制转换为另一种数据类型的表达式。两种数据类型必须能够进行转换，例如，Char 值可以转换为 Binary，但是不能转换为 Image。Convert 函数的语法格式为：

```
Convert ( data_type [ ( length ) ] , expression [ , style ] )
```

参数说明：

- expression：任何有效的表达式。
- data_type：目标数据类型。
- length：指定目标数据类型长度的可选整数。
- style：用于日期时间型数据类型和字符数据类型的转换，参数取值如表 5-7 所示。

表 5-7　style 参数值

不带世纪数位	带世纪数位	格　　式
	0 或 100	mon dd yyyy hh:miAM(或 PM)
1	101	mm/dd/yyyy
2	102	yy.mm.dd
3	103	dd/mm/yyyy
4	104	dd.mm.yy
5	105	dd-mm-yy
6	106	dd mon yy
7	107	mon dd,yy
8	108	hh:mi:ss
	9 或 109	mon dd yyyy hh:mi:ss:mmmAM(或 PM)
10	110	mm-dd-yy
11	111	yy/mm/dd
12	112	Yymmdd
	13 或 113	dd mon yyyy hh:mi:ss:mmm(24h)
14	114	hh:mi:ss:mmm(24h)
	20 或 120	yyyy-mm-dd hh:mi:ss(24h)
	21 或 121	yyyy-mm-dd hh:mi:ss.mmm(24h)

例 5-5　将当前日期转化为美国格式（mm/dd/yyyy）、ANSI(yyyy.mm.dd)格式，并转换成字符串格式输出。

可以在查询编辑器中运行如下命令进行转换，运行结果如图 5-5 所示。

使用的语句如下。

```
SELECT convert(varchar(10), getdate(), 101) AS 美国格式,
convert(varchar(10), getdate(), 102) AS ANSI 格式
```

图 5-5　使用字符串转换函数

5．用户自定义函数

和其他编程语言一样，SQL Server 2008 提供了用户自定义函数的功能。用户可以使用 Create Function 语句创建用户自定义函数，通过用户自定义函数可以接受参数，执行复杂的操作并将操作的结果以值的形式返回。根据函数返回值的类型，可以把 SQL Server 用户自定义函数分为标量值函数（数值函数）和表值函数（内联表值函数和多语句表值函数）。数值函数返回结果为单个数据值，表值函数返回结果集（table 数据类型）。

5.2　设计程序——流程控制语句

流程控制语句采用了与程序设计语言相似的机制，使其能够产生控制程序执行及流程分支的作用。通过使用流程控制语句，用户可以完成功能较为复杂的操作，并且使得程序获得更好的逻辑性和结构性。Transact-SQL 提供的流程控制语句如表 5-8 所示。

表 5-8　流程控制语句

语　　句	功 能 说 明
Begin…End	定义语句块
If…Else	条件语句
Case	Case 函数
Goto	无条件跳转语句
While	循环语句
Break	推出循环语句
Continue	重新开始循环语句
Return	返回语句
Waitfor	延迟语句

5.2.1　Begin…End 语句

Begin…End 语句用于将多条 Transact-SQL 语句组成一个语句块，作为一个整体来执行。Begin…End 语句的语法格式为：

```
Begin
  sql_statement | statement_block
End
```

说明：

- sql_statement | statement_block：任何有效的 SQL 语句或语句块。
- Begin…End 语句块中至少要包含一条 SQL 语句。
- 关键字 Begin 和 End 必须成对出现，不能单独使用。
- Begin…End 语句块常用在 If 条件语句和 While 循环语句中。
- Begin…End 语句允许嵌套。

5.2.2　If…Else 语句

程序中经常需要根据特定条件执行不同的操作和运算，Transact-SQL 提供了 If…Else 语句实现不同的条件分支，具体的语法格式如下：

```
If Boolean_expression
sql_statement | statement_block
[Else
sql_statement | statement_block ]
```

说明：

- Boolean_expression：返回 True 或 False 的表达式。如果布尔表达式中含有 Select 语句，则必须用括号将 Select 语句括起来。
- sql_statement | statement_block：有效的 Transact-SQL 语句或语句块。如果是语句块，必须用 Begin…End 语句，否则 If 或 Else 条件只能影响其后的一条 Transact-SQL 语句的执行。
- 可以在 If 之后或在 Else 下面嵌套另一个 If 语句，嵌套级数的限制取决于可用内存。
- If…Else 语句可以用在批处理、函数、存储过程和触发器中。

If…Else 语句的执行流程是：如果 If 后面的布尔表达式的值为 True，则执行 If 后面的语句或语句块，否则执行 Else 后面的语句或语句块；如果没有 Else 语句，则执行整个 If 语句后面的其他语句。

例 5-6　查询学号为"000001"的学生的"大学英语"成绩，如果在 60 分以上则输出"及格"，否则输出"不及格"。

可以在查询编辑器中运行如下命令，运行结果如图 5-6 所示。

使用的语句如下。

```
DECLARE @score decimal(4,1)
SELECT @score=成绩
FROM 成绩表，课程表
WHERE 成绩表.课程编号=课程表.课程编号
AND 学号='000001'
```

```
AND 课程名称='大学英语'
If @score<60
  Print '不及格'
Else
  Print '及格'
```

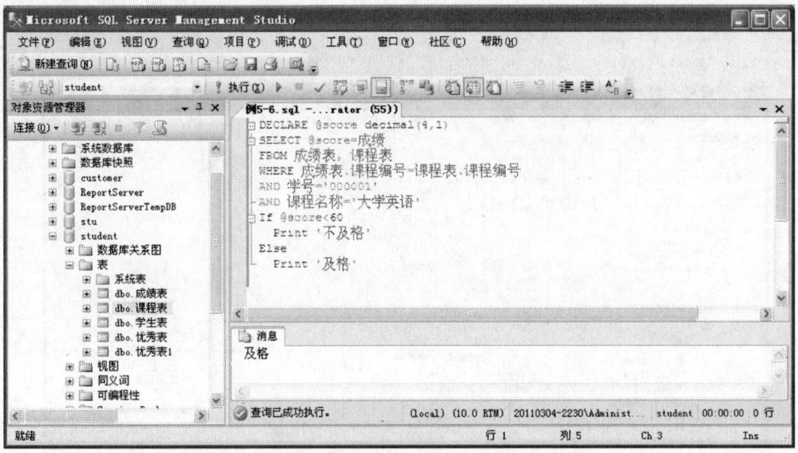

图 5-6　条件语句

5.2.3　Case 语句

Case 函数是特殊的 Transact-SQL 表达式，它允许按列显示可选值，用于计算多个条件并为每个条件返回单个值，通常用于将含有多重嵌套的 If…Else 语句替换为可读性更强的代码。

Case 多条件分支语句的语法格式如下：

```
Case
When Boolean_expression Then result_expression
[ ...n ]
[
Else else_result_expression
]
End
```

Case 多条件分支语句的执行流程为：测试每个 When 子句中的布尔表达式，如果结果为 True，便将该 When 子句指定的结果表达式的值返回。如果没有任何一个 When 子句的布尔表达式的值为 True，则返回 Else 子句之后的结果表达式结果，如果没有 Else 子句，则返回 Null 值。

例 5-7　根据学生的成绩输出成绩对应的 5 个等级：优秀、良好、中等、及格和不及格。
可以在查询编辑器中运行如下命令，运行结果如图 5-7 所示。
使用的语句如下。

```
SELECT 学号,课程编号,成绩类别=Case
when 成绩>=90 then '优秀'
when 成绩 >=80 AND 成绩 <90  then '良好'
when 成绩 >=70 AND 成绩 <80  then '中等'
when 成绩 >=60 AND 成绩 <70  then '及格'
when 成绩 <60  then '不及格'
End
FROM 成绩表
```

图 5-7　多条件分支语句

5.2.4　Goto 语句

Goto 语句又称无条件转移语句，它的作用是跳过 Goto 语句后面的 SQL 语句，并从标号所定义的位置处继续执行。无条件转移语句常用在循环语句和条件语句内，使程序有条件地跳出循环或有条件转移至他处。

说明：

● 标号由标识符和冒号"："组成。

● Goto 语句虽然增加了程序的灵活性，但是破坏了结构化程序设计的基本特点，应该尽量避免使用。

例 5-8　利用 Goto 语句实现从 1 加到 100 的和。

可以在查询编辑器中运行如下命令，运行结果如图 5-8 所示。

使用的语句如下。

```
Declare @count int, @sum int
SET @count=1
SET @sum=0
Loop:
SET @sum=@sum+@count
SET @count=@count+1
If @count<=100
```

```
 Goto loop
SELECT @count, @sum
```

图 5-8　无条件转移语句

5.2.5　While 语句

While 语句用来实现多次执行同一个 SQL 语句或语句块，具体的语法格式如下：

```
While Boolean_expression
  sql_statement | statement_block | Break | Continue
```

说明：

- Boolean_expression：返回 True 或 False 的表达式，用来设置循环的条件。如果使用 Select 语句，则必须用括号括起来。
- sql_statement | statement_block：SQL 语句或语句块。如果是语句块，则必须使用 Begin…End 语句，否则 While 循环只对第一条语句有效。
- Break 子句：导致从最内层的 While 循环中退出，将执行出现在 End 关键字（循环结束的标记）后面的任何语句。如果嵌套了两个或多个 While 循环，则内层的 Break 将退出到下一个外层循环，将首先运行内层循环结束之后的所有语句，然后重新开始下一个外层循环。
- Continue 子句：使 While 循环重新开始执行，忽略 Continue 关键字后面的任何语句。

例 5-9　利用 While 循环语句实现从 1 加到 100 的和。

可以在查询编辑器中运行如下命令，运行结果如图 5-9 所示。

使用的语句如下。

```
DECLARE @count int, @sum int
SET @count=1
SET @sum=0
While @count<=100
Begin
```

```
SET @sum=@sum+@count
SET @count=@count+1
  End
SELECT @count, @sum
```

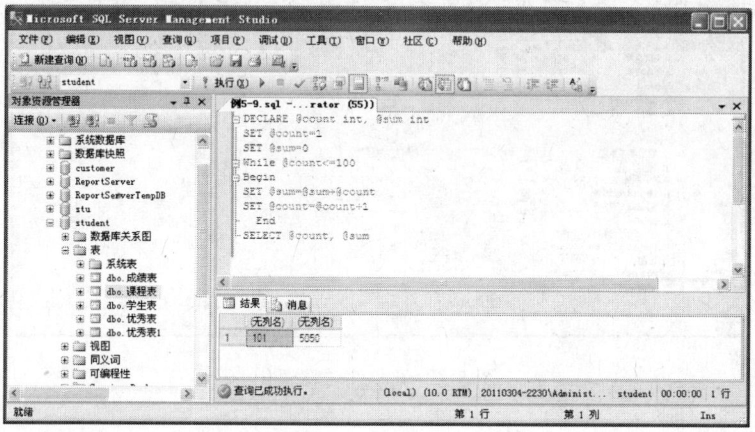

图 5-9　循环语句

5.2.6　Waitfor 语句

Waitfor 延迟语句用于在到达指定时间或时间间隔之前，阻止执行批处理、存储过程或事务。具体的语法格式为：

```
Waitfor Delay 'time_to_pass' | Time 'time_to_execute'
```

其中，Delay 关键字后为 time_to_pass，指定可以继续执行批处理、存储过程或事务之前必须经过的时间，等待的最长时间为 24 小时。Time 关键字后为 time_to_execute，指定运行批处理、存储过程或事务的时间。time_to_pass 和 time_to_execute 的格式为"hh:mm:ss"，不能指定日期。例如：

```
Waitfor Delay '01:00'
Create Database test
```

以上代码指定延迟 1 小时之后创建 test 数据库。

```
Waitfor Time '01:00'
Create Database test
```

而上面代码则指定在 01:00 的时候创建 test 数据库。

5.2.7　Return 语句

Return 语句从查询或过程中无条件退出，Return 语句的执行是即时且完全的，可在任何时候用于从过程、批处理或语句块中退出，Return 之后的语句是不执行的。具体的语法格式为：

```
Return [ integer_expression ]
```

其中，integer_expression 表示返回的整数值。存储过程可向执行调用的过程或应用程序返回一个整数值。返回值是可以省略的，这时系统将根据存储过程的执行情况返回一个整数，其中，0 表示存储过程执行成功，非 0 值则表示失败。

本章小结

本章讲述了 SQL 语言和 Transact-SQL 语言的基础内容，重点介绍了 Transact-SQL 语言中的附加元素，包括常量、变量、运算符和表达式、函数和流程控制语句。通过本章的学习，读者应该掌握以下内容：

- 常量的使用。
- 变量的定义和赋值。
- 各种运算符的使用与表达式的用法。
- 系统函数的使用以及自定义函数的创建和使用。
- 流程控制语句的使用。

习题 5

1. 简述 SQL、Transact-SQL 语言的概念。
2. SQL Server 2008 的主要数据类型有哪些？
3. 试比较全局变量和局部变量的异同。
4. 简述 SQL Server 中变量的定义和赋值方法。
5. 简述 Transact-SQL 语言中各种流程控制语句的语法和使用方法。

实训 5　Transact-SQL 程序设计

实验目的：掌握用 Transact-SQL 语句设计程序的方法
操作步骤：
（1）完成例 5-1~5-9。
（2）通过对"学生表"中的"出生日期"字段进行计算，查询每一位学生的学号、姓名和年龄。
（3）利用 Goto 语句计算 10 的阶乘。
（4）利用 While 语句计算 10 的阶乘。

第 6 章

全面掌握 SQL Server 2008

本章要点

➢ 掌握索引、视图、存储过程和触发器的相关知识

➢ 了解游标的概念

➢ 了解数据库的体系结构

在 SQL Server 2008 的数据库对象中，除了表之外，视图、索引、存储过程和触发器是数据库最重要的对象。能否恰当运用这些对象，对于发挥 SQL Server 2008 的性能至关重要。

6.1   定制数据——视图

当检索数据时，往往在一个表中不能够得到想要的所有信息，例如，从 student 数据库中想获取每位同学每门课程的成绩，可以通过连接查询或嵌套查询来实现，但是如果经常需要查询相同的字段内容，那么每次都需要重复地写相同的代码，无疑会增加工作量和影响工作效率。

为了解决这种矛盾，在 SQL Server 中提供了视图。

6.1.1   视图概述

1. 视图的概念

视图是一种数据库对象，为用户提供了一种检索数据表中数据的方式，其中保存的是对一个或多个数据表（或其他视图）的查询定义。因此，视图可看做是从一个或者多个数据表（或视图）中导出的虚拟表，它所对应的数据并不真正地存储在视图中，而是存储在所引用的数据表中，被引用的表称为基表，视图的结构和数据是对基表进行查询的结果。

一旦创建好一个视图，就可以像表一样对视图进行操作。与表不同的是，视图只存在结构，数据是在运行视图时从基表中提取的。所以，如果基表中的数据被修改了，修改后的数据会自动反应到视图中，无须重新构建视图，不会出现数据不一致性问题。

注意：可以在视图上创建视图。

2．视图的优点和作用

（1）为用户集中数据，简化用户的数据查询和处理。有时用户所需要的数据分散在多个表中，定义视图可将它们集中在一起，从而方便用户数据查询和处理。

（2）屏蔽数据库的复杂性。用户不必了解复杂的数据库中的表结构，并且数据表的更改也不影响用户对数据库的使用。

（3）简化用户权限的管理。使用视图时，只需授予用户使用视图的权限，而不必指定用户只能使用表的特定列，增加了安全性。

6.1.2　创建视图

1．使用 T-SQL 语句创建视图

语法格式如下。

```
CREATE VIEW <视图名>[(列名 1,列名 2[,…n])]
AS
<SELECT 语句>
[WITH CHECK OPTION]
```

注意："WITH CHECK OPTION"关键字强制针对视图执行的所有数据修改语句都必须符合在 SELECT 语句中设置的 WHERE 条件。

例 6-1　创建一个名为"V_信息系学生信息"的视图，要求显示系名为"信息工程系"的学生基本信息。

可以在查询编辑器中运行如下命令并执行，运行结果如图 6-1 所示。

使用的语句如下。

```
CREATE VIEW V_信息系学生信息
AS
SELECT * FROM 学生表 WHERE 系别='信息工程系'
```

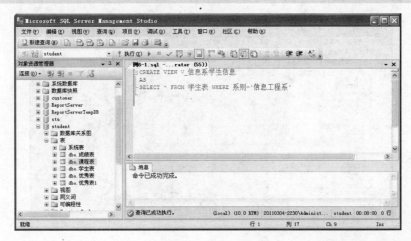

图 6-1　创建视图

例6-2 创建学生成绩视图"V_成绩",包括学号、姓名、课程编号、课程名称和成绩信息。可以在查询编辑器中运行如下命令并执行,运行结果如图 6-2 所示。

使用的语句如下。

```
CREATE VIEW V_成绩
AS
SELECT 学生表.学号,姓名,课程表.课程编号,课程名称,成绩
FROM 学生表,成绩表,课程表
WHERE 学生表.学号=成绩表.学号
AND 成绩表.课程编号=课程表.课程编号
```

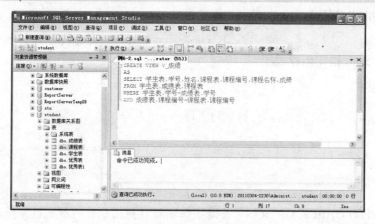

图 6-2　创建基于多表的视图

2. 在 SSMS 中使用对象资源管理器创建视图

例 6-3 在 SSMS 中创建补考学生视图 v_补考,包括学号、姓名、课程编号、课程名称和成绩信息。

(1)启动 SSMS,连接到 SQL Server 2008 实例。

(2)在对象资源管理器窗口里,展开 SQL Server 实例,选择"数据库"→"student"→"视图",单击鼠标右键,然后从弹出的快捷菜单中选择"新建视图"命令,如图 6-3 所示,打开"视图设计器"。

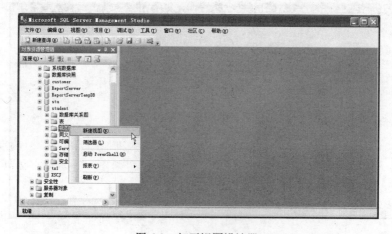

图 6-3　打开视图设计器

（3）视图设计器如图 6-4 所示，其上有"添加表"对话框，可以将要引用的表添加到视图设计对话框上，在本例中，添加学生表、课程表和成绩表 3 个表。

图 6-4　添加表

（4）添加完数据表之后，单击"关闭"按钮，回到"视图设计器"窗口，如图 6-5 所示。

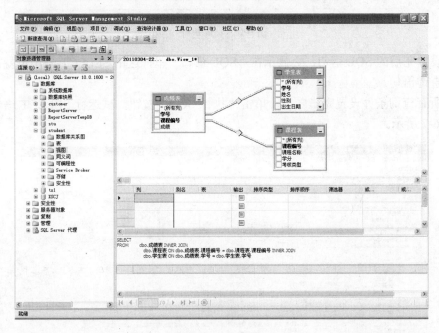

图 6-5　建立表间联系

（5）在"关系图"窗口里，可以建立表与表之间的 JOIN…ON 关系，如学生表的"学号"与成绩表中的"学号"，那么只要将学生表的"学号"字段拖曳到成绩表的"学号"字段上即可，此时两个表之间将会有一根连线连接对应的列。

注意：若在表之间定义了外键，SQL Server 2008 将自动建立表间的连接关系。

（6）在"关系图"窗口里选择数据表字段前的复选框，可以设置视图要输出的字段；同样，在"条件窗格"里也可设置要输出的字段。在"条件窗口"里还可以设置要过滤的查询条件"成绩<60"，如图 6-6 所示。

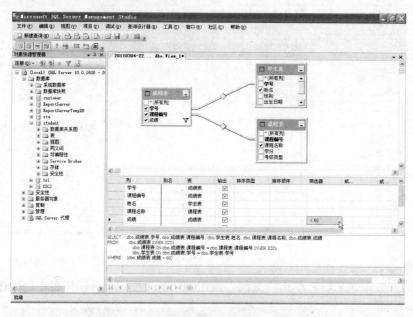

图 6-6　设置条件

（7）设置完后的 SQL 语句，会显示在"SQL 窗口"里，这个 SELECT 语句也就是视图所要存储的查询语句。

（8）所有查询条件设置完毕之后，单击"执行 SQL"按钮，试运行 SELECT 语句是否正确，如图 6-7 所示。

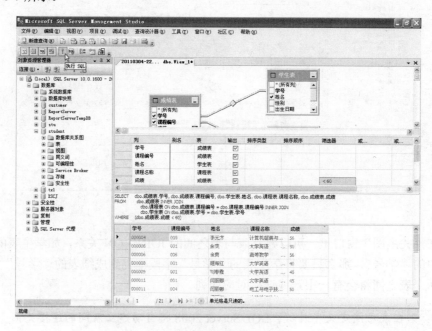

图 6-7　检查 SELECT 语句

（9）在一切测试都正常之后，单击"保存"按钮，在弹出的对话框里输入视图名称"v_补考"，再单击"确定"按钮，如图 6-8 所示。SQL Server 数据库引擎会依据用户的设置完成视图的创建。

图 6-8　保存视图

6.1.3　修改视图

1. 使用 T-SQL 语句修改视图定义

利用 ALTER VIEW 语句可以修改视图定义，该命令的基本语法如下：

```
ALTER VIEW <视图名>[(列名1,列名2[,…n])]
AS
<SELECT 语句>
[WITH CHECK OPTION]
```

其中，参数的含义与创建视图 CREATE VIEW 命令中的参数含义相同。

2. 在 SSMS 中使用对象资源管理器修改视图定义

（1）启动 SSMS，连接到 SQL Server 2008 实例。

（2）在对象资源管理器窗口里，展开 SQL Server 实例，选择"数据库"→"student"→"视图"命令，指向需要修改的视图，单击右键，在快捷菜单中选择"设计视图"命令，打开"设计视图"窗口。该窗口与创建视图时所使用的窗口完全相同。

（3）采用与创建视图相同的方法修改视图，单击工具栏上的"保存"按钮，完成视图的修改。

6.1.4　删除视图

1. 使用 T-SQL 语句删除视图

删除视图语句的基本语法如下：

```
DROP VIEW <视图名> [,…n]
```

2. 在 SSMS 中使用对象资源管理器删除视图

（1）启动 SSMS，连接到 SQL Server 2008 实例。

（2）在对象资源管理器窗口里，展开 SQL Server 实例，选择"数据库"→"student"→"视图"，指向要删除的视图，单击右键，在快捷菜单中选择"删除"命令，打开"删除对象"对话框，如图 6-9 所示。

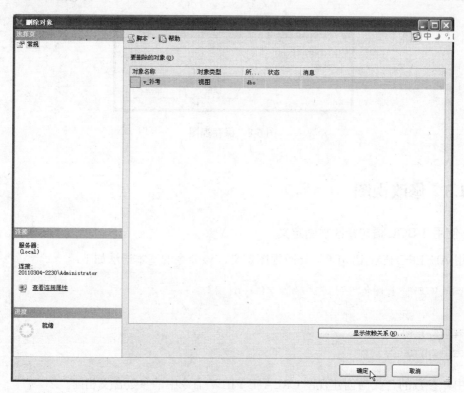

图 6-9　删除视图

　　（3）单击"确定"按钮，完成视图的删除。

6.1.5　使用视图

1．使用视图查询数据

　　可以像查询表一样使用 SELECT 语句查询视图中的数据。

　　例 6-4　查询选修了"SQL Server 2008 数据库应用"或"大学英语"课程的学生的学号、姓名、课程编号、课程名称和成绩。

　　由于例 6-2 创建学生成绩视图"v_成绩"包含了所有学生的学号、姓名、课程编号、课程名称和成绩信息，可以直接从视图"v_成绩"中查询记录，没必要在基本表中查询记录。

　　在查询编辑器中运行如下命令进行查询，运行结果如图 6-10 所示。

　　使用的语句如下。

```
SELECT *
FROM v_成绩
WHERE 课程名称='SQL Server 2008 数据库应用' OR 课程名称='大学英语'
```

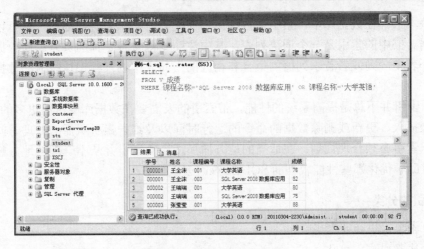

图 6-10　使用视图查询数据

2．使用视图编辑数据

利用视图向基表插入数据时，必须满足下面的限制条件：

- 因为视图只是选取基表中的部分列，所以通过视图添加的记录也只能传递这些选取的列，因此要求其他在视图中不存在的列必须允许为空（NULL），或有默认值以及其他能自动计算或自动赋值（如 IDENTITY）的属性。否则，不能向视图插入数据。
- 如果在定义视图的查询语句中使用了聚合函数或 GROUP BY、HAVING 子句，则不允许对视图进行插入或更新。
- 如果在定义视图的查询语句中使用了 DISTINCT 选项，也不允许对视图进行插入或更新。
- 如果在视图定义中使用了 WITH CHECK OPTION 选项，则在视图上插入的数据必须符合定义视图的 SELECT 语句所设定的条件。
- 不能在一个插入语句中向多个基表插入数据。如果视图引用了多个数据表，通过该视图向这些基表添加数据时应书写多个插入语句。

在满足以上要求的情况下，可以利用对象管理器或使用 SQL 语句向视图插入数据，其操作方式与数据表的操作方式相同，区别只是将数据表对象改为视图对象。

6.2　提高查询速度——索引

在应用系统中，尤其在联机事务处理系统中，对数据查询及处理速度已成为衡量应用系统成败的标准。而采用索引来加快数据处理速度通常是最普遍采用的优化方法。

6.2.1　索引概述

1．索引的概念

数据库中的索引与书籍中的索引类似。在一本书中，使用索引可以快速查找所需信息，无须阅读整本书。在数据库中，索引使数据库程序无须对整个表进行扫描，就可以在其中找到所需数据。书中的索引是一个词语列表，其中注明了包含各个词的页码。而数据库中的索引是指某个表中一列或者若干列值的集合和相应的指向表中物理标识这些值的数据页的逻辑指针清单。

但是，索引并不总是提高系统的性能，带索引的表需要在数据库中占用更多的存储空间；同样，用来插入、更新或删除数据的命令的运行时间以及维护索引所需的处理时间会更长。因此，对于索引必须合理规划：在适当的地方增加适当的索引并从不合理的地方删除次优的索引，将有助于优化那些性能较差的 SQL Server 应用。

2．索引的分类

索引有聚集索引与非聚集索引之分。

● 聚集索引

聚集索引对表和视图中的数据进行物理排序，然后再重新存储到磁盘上，这种索引对查询非常有效。表和视图中只能有一个聚集索引。当建立主键约束时，如果表中没有聚集索引，SQL Server 会用主键列作为聚集索引键。

● 非聚集索引

非聚集索引不用将表和视图中的数据进行物理排序。如果表中不存在聚集索引，则表是未排序的。在表或视图中，最多可以建立 250 个非聚集索引或者 249 个非聚集索引和 1 个聚集索引。

3．索引的设计原则

一般来说建立索引的原则包括：

● 主键经常作为 WHERE 子句的条件，应在表的主键列上建立聚集索引，尤其当经常用它作为连接的时候。

● 有大量重复值且经常有范围查询和排序、分组发生的列，或者非常频繁地被访问的列，可考虑建立聚集索引。

● 经常同时存取多列，且每列都含有重复值可考虑建立复合索引来覆盖一个或一组查询，并把查询引用最频繁的列作为前导列，如果可能尽量使关键查询形成覆盖查询。

● 如果知道索引键的所有值都是唯一的，那么确保把索引定义成唯一索引。

● 在一个经常做插入操作的表上建索引时，使用 fillfactor（填充因子）来减少页分裂，同时提高并发度降低死锁的发生。如果在只读表上建索引，则可以把 fillfactor 置为 100。

● 在选择索引键时，设法选择那些采用小数据类型的列作为键以使每个索引页能够容纳尽可能多的索引键和指针，通过这种方式，可使一个查询必须遍历的索引页面降到最小。此外，尽可能地使用整数为键值，因为它能够提供比任何数据类型都快的访问速度。

6.2.2　创建索引

1．在 SSMS 中使用对象资源管理器创建索引

例 6-5　对于学生表，定义列"姓名"的非聚集索引"index_xm"。

（1）启动 SSMS，连接到 SQL Server 2008 实例。

（2）在对象资源管理器窗口里，展开 SQL Server 实例，选择"数据库"→"student"→"表"→要创建索引的表→"索引"，在对象资源管理器中会列出当前所选数据表中已建立的索引，包括索引的名称和类型，如图 6-11 所示。

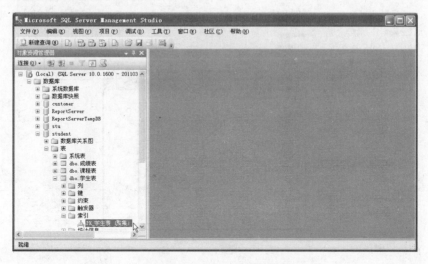

图 6-11 查看已有的索引

注意：通常情况下，在创建 UNIQUE 约束或 PRIMARYKEY 约束时，SQL Server 会自动为这些约束列创建聚集索引。

（3）选择"索引"，单击鼠标右键，然后从弹出的快捷菜单中选择"新建索引"命令，打开"新建索引"对话框，如图 6-12 所示。

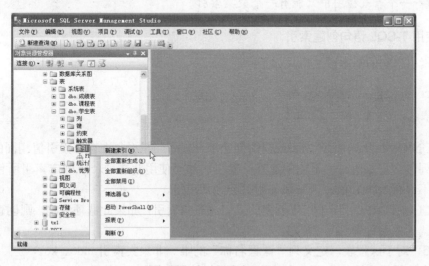

图 6-12 新建索引

（4）在"新建索引"对话框中，通过"索引名称"文本框输入所要创建的索引名"index_xm"，利用"索引类型"下拉列表框选择 "非聚集"。

（5）单击"添加"按钮，弹出"选择列"对话框，如图 6-13 所示，在对话框表列中选择需要创建索引的列。然后，单击"确定"按钮，返回"新建索引"对话框，可以继续设置索引列的排序顺序。

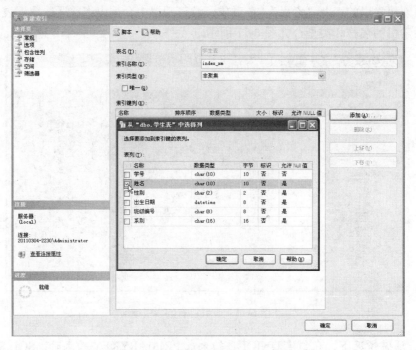

图 6-13　设置索引

（6）设置完毕之后，单击"确定"按钮，SQL Server 数据库引擎会依据用户的设置完成索引的创建。

注意：一个表或视图中只能有一个聚集索引。

2. 使用 T-SQL 语句创建索引

创建索引语句的基本语法格式如下：

```
CREATE [UNIQUE] [CLUSTERED] INDEX <索引名>
ON <表名> (列名 [ASC | DESC] [,...n] )
```

- UNIQUE：用于指定为表或视图创建唯一索引，即不允许存在索引值相同的两行。在列包含重复值时，不能创建唯一索引。如要使用此选项，应确定索引所包含的列均不含有 NULL 值，否则在使用时会经常出错。
- CLUSTERED：用于指定创建的索引为聚集索引。如果此选项省略，则创建的索引默认为非聚集索引。

例 6-6　对于课程表，定义列"课程名称"的唯一非聚集索引 index_kc。

在查询编辑器中运行如下命令并执行，运行结果如图 6-14 所示。

使用的语句如下。

```
CREATE UNIQUE INDEX index_kc
ON 课程表(课程名称)
```

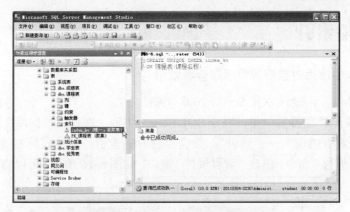

图 6-14　使用 T-SQL 语句创建索引

6.2.3　删除索引

1. 在 SSMS 中使用对象资源管理器删除索引

（1）启动 SSMS，连接到 SQL Server 2008 实例。

（2）在对象资源管理器窗口里，展开 SQL Server 实例，选择"数据库"→"student"→"表"→"要创建索引的表"→"索引"，指向要删除的索引，单击鼠标右键，然后从弹出的快捷菜单中选择"删除"命令，打开"删除对象"对话框。

（3）在"删除对象"对话框中，显示出删除对象的属性信息，单击"确定"按钮，SQL Server 数据库引擎会依据用户的设置完成索引的删除。

2. 使用 T-SQL 语句删除索引

删除索引的语法格式如下：

```
DROP INDEX <表名>.<索引名> [,... n ]
```

例 6-7　删除课程表上"课程名称"列的唯一非聚集索引 index_kc。

在查询编辑器中运行如下命令并执行，运行结果如图 6-15 所示。

使用的语句如下。

```
DROP INDEX 课程表.index_kc
```

图 6-15　删除索引

6.2.4 查看索引

1. 在 SSMS 中使用对象资源管理器查看索引

（1）启动 SSMS，连接到 SQL Server 2008 实例。

（2）在对象资源管理器窗口里，展开 SQL Server 实例，选择"数据库"→"student"→"表"→"要创建索引的表"→"索引"，指向要查看的索引，单击鼠标右键，然后从弹出的快捷菜单中选择"属性"命令，出现"索引属性"窗口，如图 6-16 所示，可以查看索引 idx_name 的定义信息。

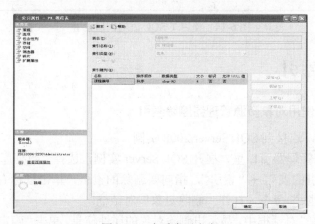

图 6-16　查看索引定义

2. 使用 T-SQL 语句查看索引

利用系统提供的存储过程 sp_helpindex 可以查看索引信息，其语法格式如下：

```
sp_helpindex '<表名>',
```

例 6-8 查看学生表的所有索引。

在查询编辑器中运行如下命令并执行，运行结果如图 6-17 所示。

使用的语句如下。

```
sp_helpindex 学生表
```

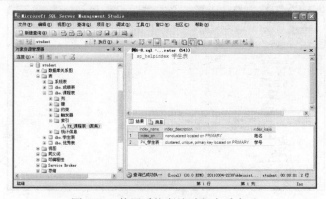

图 6-17　使用系统存储过程查看索引

6.3　定制功能——存储过程

存储过程是存储在服务器上的由 SQL 语句和控制流语句组成的一个预编译集合。使用存储过程可以比单独的 SQL 语句完成更为复杂的功能，并且系统会对存储过程中的 SQL 语句进行了预编译处理，使得执行速度有了大幅度的提升。存储过程被第一次调用后，会保存在高速缓冲区中，这样再次执行同一个存储过程时，提高了重复调用的效率。

6.3.1　存储过程概述

与表、视图一样，存储过程也是一种存储在数据库中的对象。存储过程与其他编程语言中的过程类似，比如可以接受输入参数并以输出参数的形式向调用过程或批处理返回多个值；包含一组 Transact-SQL 语句，用于在数据库中执行操作（包括调用其他过程）；同时，存储过程也可以向调用过程或批处理返回状态值，以指明成功或失败（以及失败的原因）等。

SQL Server 2008 提供了许多系统存储过程，用于系统管理、用户登录管理、访问权限设置等，系统存储过程通常以"sp_"作为前缀。除了这些系统存储过程之外，用户也可以使用 CREATE PROCEDURE 语句创建存储过程。

6.3.2　创建并执行存储过程

1. 使用 T-SQL 语句创建并执行存储过程

创建存储过程的语法格式为：

```
CREATE PROCEDURE <存储过程名> [@<局部变量名> <数据类型> [,...n ]]
AS
<Transact-SQL 语句>
...
```

其中，"@<局部变量名>"为存储过程中的参数，在存储过程执行时提供参数值。

创建一个存储过程后，就可以执行这个存储过程。

执行存储过程的语法格式为：

```
EXEC <存储过程名> [<参数值> [,...n ]]
```

例 6-9　创建一个名称为 proc_bjrs 的存储过程，用于检索现有班级及人数。

在查询编辑器中输入以上命令创建并执行存储过程 EXECUTE proc_bjrs，运行结果如图 6-18 所示。

使用的语句如下。

```
CREATE PROCEDURE proc_bjrs
AS
SELECT 班级编号,人数=COUNT(学号)
```

```
FROM 学生表
GROUP BY 班级编号
GO
EXEC proc_bjrs
```

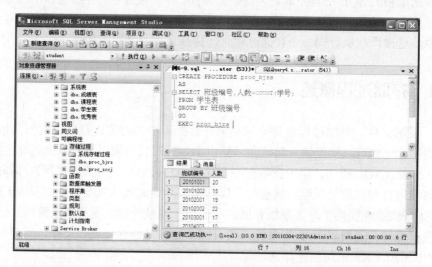

图 6-18　创建存储过程

例 6-10　创建带参数存储过程 proc_sccj，输入学号和课程名称，输出成绩。

在查询编辑器中输入以下命令创建并执行该存储过程 EXECUTE proc_sccj '000001','SQL Server 2008 数据库应用'，运行结果如图 6-19 所示。

图 6-19　创建带参数的存储过程

使用的语句如下。

```
CREATE PROCEDURE proc_sccj
(@学号 varchar(10),
 @课程名称 varchar(30)
```

```
)
As
SELECT 成绩
FROM 成绩表，课程表
WHERE 成绩表.课程编号=课程表.课程编号
AND 学号=@学号 AND 课程名称=@课程名称
GO
EXEC proc_sccj '000001','SQL Server 2008 数据库应用'
```

2．在 SSMS 中使用对象资源管理器创建存储过程

使用对象资源管理器也可以完成新建存储过程的操作。具体的步骤为：

（1）在选定的数据库下打开"可编程性"节点。

（2）找到"存储过程"节点，单击鼠标右键，在弹出的快捷菜单中选择"新建存储过程"，如图 6-20 所示。

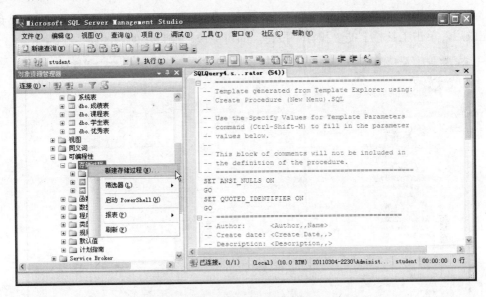

图 6-20　在对象资源管理器中创建存储过程

（3）在新建的查询窗口中可以看到关于创建存储过程的语句模板，在其中添上相应的内容，单击工具栏上的"执行"即可。

6.3.3　查看和修改存储过程

1．在 SSMS 中使用对象资源管理器查看和修改存储过程

（1）在选定的数据库下打开"可编程性"节点。

（2）打开"存储过程"节点，指向要修改的存储过程，单击鼠标右键，然后从弹出的快捷菜单中选择"修改"命令，如图 6-21 所示。

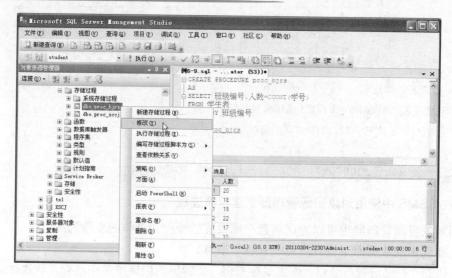

图 6-21 选择"修改"命令

（3）在弹出的修改窗口中，可以在现有存储过程定义的基础上进行修改，如图 6-22 所示。修改完成后，单击工具栏上的"执行"按钮，即可完成存储过程的修改。

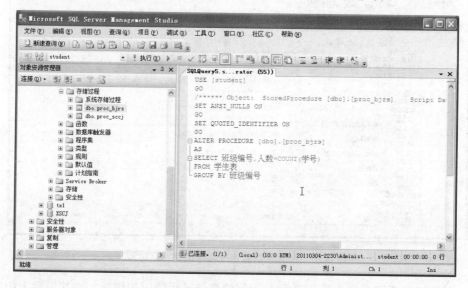

图 6-22 修改存储过程

2. 使用 T-SQL 语句修改存储过程

删除索引的语法格式如下：

```
ALTER PROCEDURE <存储过程名> [@<局部变量名> <数据类型> [, ...n ]]
AS
<Transact-SQL 语句>
...
```

相关参数的含义和 CREATE PROCEDURE 语句中的参数相同。

6.3.4　删除存储过程

1．在 SSMS 中使用对象资源管理器删除存储过程

（1）在选定的数据库下打开"可编程性"节点。

（2）打开"存储过程"节点，指向要删除的存储过程，单击鼠标右键，然后从弹出的快捷菜单中选择"删除"命令，打开"删除对象"对话框。

（3）在"删除对象"对话框中，显示删除对象的属性信息，单击"确定"按钮，SQL Server 数据库引擎会依据用户的设置完成存储过程的删除。

2．使用 T-SQL 语句删除存储过程

删除索引的语法格式如下：

```
DROP PROCEDURE<存储过程名> [,... n ]
```

例 6-11　删除存储过程 proc_bjrs。

在查询编辑器中运行如下命令并执行，运行结果如图 6-23 所示。

使用的语句如下。

```
DROP PROCEDURE proc_bjrs
```

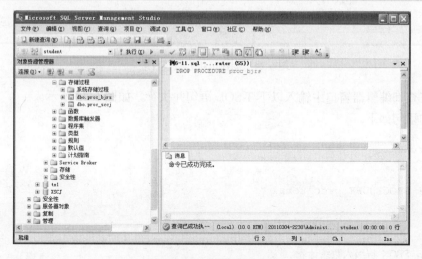

图 6-23　删除存储过程

6.3.5　存储过程实例应用

例 6-12　创建班级人数统计表，其中包括班级编号，班级人数，男生人数和女生人数，后三者用于统计学生表中各班级的总人数，男生人数和女生人数。编写并执行存储过程 proc_total，用于由学生表中统计出数据并插入班级人数统计表中。

分析：创建存储过程之前应该先创建"班级人数统计表"，用于存放统计出的数据。

创建存储过程：存储过程的内容应该是先清空"班级人数统计表"，然后按班级分类汇总

计算各班级的学生总数并插入"班级人数统计表",再分别分类汇总计算各班男生、女生总数(计算时用到表 t 作为临时表,暂时存放学生人数,使用完毕后删除),最后根据计算的数值修改"班级人数统计表"中相应列的数据。

执行存储过程:存储过程创建完成后执行存储过程。

查询"班级人数统计表"中的内容。

(1)首先要创建"班级人数统计表",其中包括班级编号,班级人数,男生人数和女生人数四列,表结构如图 6-24 所示。

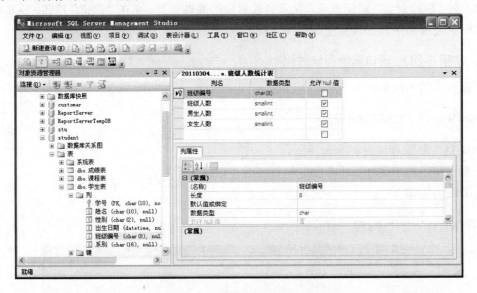

图 6-24　创建班级人数统计表

(2)在查询编辑器窗口中输入以下 T-SQL 语句并执行,如图 6-25 所示。

使用的语句如下。

```
USE student
GO
CREATE PROCEDURE proc_total
AS
BEGIN
DELETE FROM 班级人数统计表
INSERT INTO 班级人数统计表(班级编号,班级人数)
SELECT 班级编号,COUNT(*) FROM 学生表 GROUP BY 班级编号
SELECT 班级编号,COUNT(*) AS 班级人数 INTO
t FROM 学生表 WHERE 性别='男' GROUP BY 班级编号
UPDATE 班级人数统计表 SET 男生人数=t.班级人数 FROM t
WHERE 班级人数统计表.班级编号=t.班级编号
DROP TABLE t
SELECT 班级编号,COUNT(*) AS 班级人数 INTO t FROM 学生表
WHERE 性别='女' GROUP BY 班级编号
```

```
UPDATE 班级人数统计表 SET 女生人数=t.班级人数 FROM t
WHERE 班级人数统计表.班级编号=t.班级编号
DROP TABLE t
END
GO
EXEC proc_total
GO
SELECT * FROM 班级人数统计表
GO
```

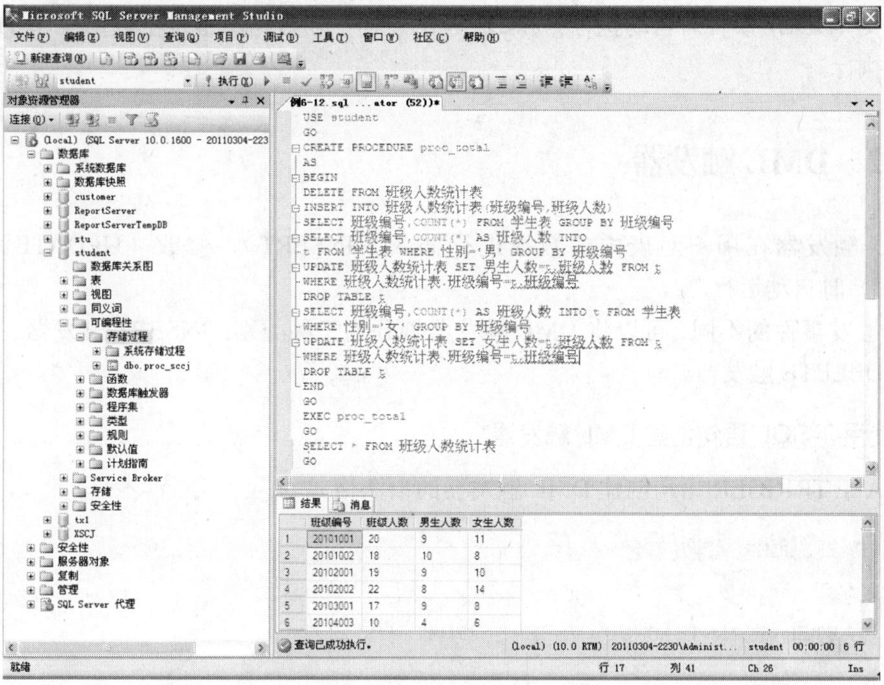

图 6-25　创建并执行存储过程

6.4　自动处理数据——触发器

触发器（Trigger）是 SQL Server 提供的除约束之外的另一种保证数据完整性的方法，它可以实现约束所不能实现的更复杂的完整性要求。触发器是一种特殊的存储过程，它不允许带参数，不能由用户直接通过名称调用，而是由用户的某一动作自动触发。

6.4.1　触发器概述

触发器属于一种特殊的存储过程，可以在其中包含复杂的 SQL 语句。触发器与存储过程的区别在于触发器能够自动执行并且不含有参数。

使用触发器主要有以下优点：

● 触发器是自动执行的，在数据库中定义了某个对象之后，或对表中的数据做了某种修改之后立即被激活。

● 触发器可以实现比约束更为复杂的完整性要求，例如，Check 约束中不能引用其他表中的列，而触发器可以引用；Check 约束只是由逻辑符号连接的条件表达式，不能完成复杂的逻辑判断功能。

● 触发器可以根据表数据修改前后的状态，根据其差异采取相应的措施。

● 触发器可以防止恶意的或错误的 Insert、Update 和 Delete 操作。

Microsoft SQL Server 2008 提供了两种类型的触发器：DDL 触发器（服务器或数据库中发生数据定义 (DDL) 事件时自动执行）和 DML 触发器（当数据库中发生数据操作 (DML) 事件时自动执行）。

6.4.2　DML 触发器

DML 触发器在用户对表中的数据进行插入（INSERT）、修改（UPDATE）和删除（DELETE）时自动运行。

按照触发事件的不同，可以将 DML 触发器划分为三种类别：INSERT 触发器、UPDATE 触发器、DELETE 触发器。

1. 使用 T-SQL 语句创建 DML 触发器

CREATE TRIGGER 语句创建 DML 触发器的语法格式为：

```
CREATE TRIGGER <触发器名>
ON <表名>
FOR | AFTER | INSTEAD OF  INSERT|UPDATE|DELETE
AS
<Transact-SQL 语句>
...
```

说明：

● FOR | AFTER：指定触发器中在相应的 DML 操作（INSERT、DELETE、UPDATE）成功执行后才触发。

● INSTEAD OF：指定执行 DML 触发器而不是 INSERT、DELETE、UPDATE 语句。在使用了 WITH CHECK OPTION 语句的视图上不能定义 INSTEAD OF 触发器。

● INSERT|UPDATE|DELETE：指定能够激活触发器的操作，必须至少指定一个操作。

例 6-13　创建一个 INSERT 触发器，该触发器能够在向成绩表中添加数据时，自动判断学号、课程编号、成绩是否合法，如果非法则对插入操作进行回滚。

在查询编辑器中输入以下语句并执行，运行结果如图 6-26 所示。

使用的语句如下。

```
CREATE TRIGGER insert_cj ON 成绩表
AFTER INSERT
AS
IF EXISTS
(SELECT * FROM INSERTED
WHERE 学号 IN
(SELECT 学号 FROM 学生表)
AND 课程编号 IN
(SELECT 课程编号 FROM 课程表))
AND
((SELECT 成绩 FROM INSERTED)>=0
AND (SELECT 成绩 FROM INSERTED)<=100)
PRINT'数据输入成功！'
ELSE
BEGIN
PRINT'数据不合法，失败！'
ROLLBACK TRANSACTION
END
```

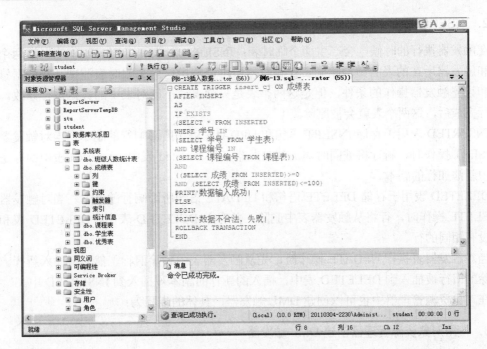

图 6-26　创建 INSERT 触发器

　　触发器创建完成后，向成绩表中插入一条合法记录和一条不合法记录，运行结果如图 6-27 所示，合法记录输入成功，不合法记录对插入操作进行了回滚。

　　使用的语句如下。

```
INSERT INTO 成绩表
VALUES('000001','018',90)
INSERT INTO 成绩表
VALUES('00001','011',190)
```

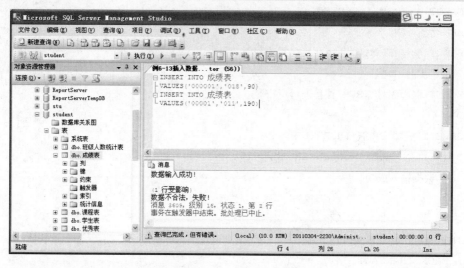

图 6-27　插入记录测试触发器

2．INSERTED 表和 DELETED 表

在触发器执行的时候，会产生两个临时表：INSERTED 表和 DELETED 表。这两个表的结构和触发器所在的表的结构相同。在触发器中可以使用这两个临时表测试某些数据修改的效果和设置触发器操作的条件，但是这两个表是只读表，不能对表中的数据进行修改。触发器执行完成后，这两个表就会被删除。

INSERTED 表用于存储 INSERT 语句和 UPDATE 语句所影响行的副本。当对触发器表执行 INSERT 操作时，新行将被同时添加到触发器表和 Inserted 表中，Inserted 表中的行是触发器表中新添加行的副本。

DELETED 表用于存储 DELETE 语句和 UPDATE 语句所影响行的副本。当对触发器表执行 DELETE 操作时，行将从触发器表中删除，并存入 DELETED 表中。DELETED 表和触发器表没有相同的行。

当对触发器表执行 UPDATE 操作时，先从触发器表中删除旧行，然后再插入新行。其中被删除的旧行被插入到 DELETED 表中，插入的新行的副本被插入到 INSERTED 中。

在对象资源管理器中也可以创建 DML 触发器，具体的步骤为：

3．使用对象资源管理器创建 DML 触发器

（1）打开对象资源管理器，找到要创建 DML 触发器的表，展开。

（2）找到"触发器"节点，单击鼠标右键，在弹出的快捷菜单中选择"新建触发器"命令，如图 6-28 所示。在新建的查询窗口中可以看到关于创建 DML 触发器的语句模板，在其中添上相应的内容，单击工具栏上的"执行"按钮即可。

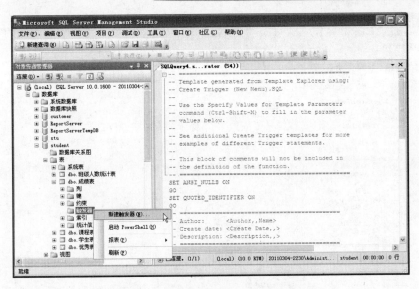

图 6-28　使用对象资源管理器创建触发器

4．DML 触发器实例应用

例 6-14　创建一个 DELETE 触发器，实现当学生表删除学生记录时，自动调整班级人数统计表中相应的班级人数等数据，实现班级人数统计表与学生表中数据的一致性。

分析：由于要删除的学生记录被插入到 DELETED 表中，所以可以从 DELETED 表中查询被删除学生的班级、姓名，然后将与被删除学生班级编号和姓名相同的人数分别减 1。

在查询编辑器窗口中输入以下语句并执行，运行结果如图 6-29 所示。

使用的语句如下。

```
CREATE TRIGGER delete_xs ON 学生表
AFTER DELETE
AS
BEGIN
DECLARE @class CHAR(8),@sex CHAR(2)
SELECT @class=班级编号, @sex=性别 FROM DELETED
IF @sex='男'
UPDATE 班级人数统计表 SET 班级人数=班级人数-1,男生人数=男生人数-1
WHERE 班级编号=@class
ELSE
UPDATE 班级人数统计表 SET 班级人数=班级人数-1,女生人数=女生人数-1
WHERE 班级编号=@class
END
```

触发器创建完成后，用以下语句删除学生表中一条记录，如图 6-30 所示。

```
DELETE FROM 学生表
WHERE 学号='000106'
```

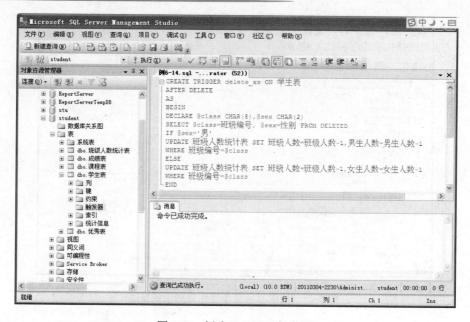

图 6-29　创建 DELETE 触发器

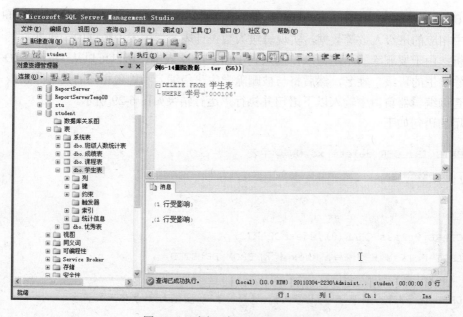

图 6-30　删除一条记录测试触发器

然后用以下语句查询班级人数统计表中的数据，可以查看到班级人数和女生人数也随之发生变化，如图 6-31 所示。

```
SELECT * FROM 班级人数统计表
```

对于学生表和班级人数统计表，为了保证两个表中数据的一致性，还应该再创建 INSERT 和 UPDATE 类型的触发器，用于实现在对学生表中数据进行插入和修改时，也对班级人数统计表中的数据进行相应的修改。

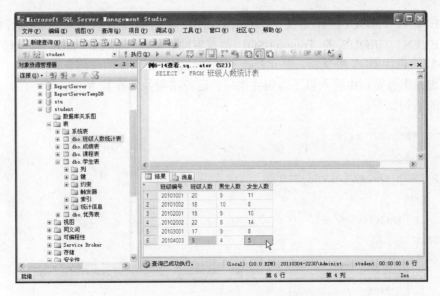

图 6-31   观察触发器自动修改后的数据

6.4.3   DDL 触发器

与 DML 触发器不同的是，DDL 触发器不会被针对表或视图的 UPDATE、INSERT 或 DELETE 语句触发。它们将为了响应各种数据定义语言 (DDL) 事件而激活，这些事件主要与以关键字 CREATE、ALTER 和 DROP 开头的 Transact-SQL 语句对应。DDL 触发器可以用于审核和控制数据库操作，例如，要防止对数据库进行某些更改，或者希望数据库中发生某种情况以响应数据库中的更改，或者记录数据库中的更改或事件。DDL 触发器只有在完成相应的 DDL 语句后才会被触发，因此 DDL 触发器无法作为 INSTEAD OF 触发器使用。

创建 DDL 触发器的 CREATE TRIGGER 语句的语法格式为：

```
CREATE TRIGGER <触发器名>
ON All SERVER | DATABASE
FOR | AFTER EVENT_TYPE|EVENT_GROUP
AS
<Transact-SQL 语句>
...
```

说明：

- All SERVER：指定 DDL 触发器的作用域为当前服务器。如果指定了此参数，则只要当前服务器中的任何位置上出现 EVENT_TYPE 或 EVENT_GROUP，就会激活该触发器。
- DATABASE：指定 DDL 触发器的作用域为当前数据库。如果指定了此参数，则只要当前数据库中的任何位置上出现 EVENT_TYPE| 或 EVENT_GROUP，就会激活该触发器。
- FOR | AFTER：指定在 DDL 触发器仅在触发 SQL 语句中指定的所有操作都已成功执行时才被触发。
- EVENT_TYPE|：将激活 DDL 触发器的 Transact-SQL 语言事件的名称。

- EVENT_GROUP：预定义的 Transact-SQL 语言事件分组的名称。执行任何属于 EVENT_GROUP 的 Transact-SQL 语言事件之后，都将激活 DDL 触发器。

例 6-15 设计 DDL 触发器，禁止修改和删除当前数据库中的任何表。

在查询编辑器窗口中输入以下语句并执行，运行结果如图 6-32 所示。

使用的语句如下。

```
CREATE TRIGGER safety
ON DATABASE
AFTER DROP_TABLE, ALTER_TABLE
As
PRINT  '不能修改和删除表！'
ROLLBACK
```

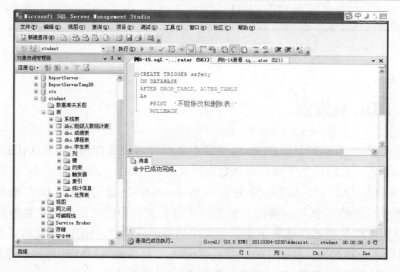

图 6-32　创建 DDL 触发器

触发器创建完成后，尝试用下面的语句删除课程表，如图 6-33 所示，无法删除任何一个表。

```
DROP TABLE 课程表
```

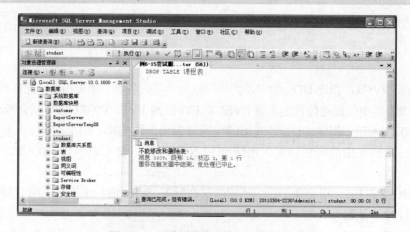

图 6-33　删除课程表测试 DDL 触发器

6.4.4　删除触发器

1. 在 SSMS 中使用对象资源管理器删除触发器

在对象资源管理器中删除 DML 触发器的步骤为：

（1）在对象资源管理器中，找到需要删除的 DML 触发器的表节点，展开。

（2）找到"触发器"节点并展开，在要删除的触发器节点上单击鼠标右键，在弹出的右键菜单中选择"删除"命令，如图 6-34 所示。

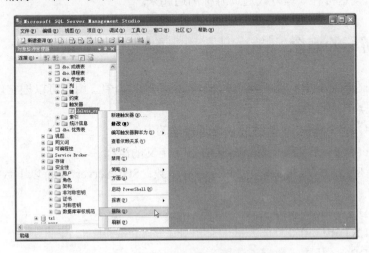

图 6-34　使用对象资源管理器删除触发器

（3）在弹出"删除对象"窗口，单击"确定"按钮即可删除触发器。

需要说明的是，如果要删除的触发器是 DDL 触发器或登录触发器，则操作步骤和上面给出的删除 DML 触发器的步骤稍微有所不同。主要区别是触发器节点在对象资源管理器中的树结构中的位置不同。

如果要删除 DDL 触发器，则需要找到 DDL 触发器所在的数据库节点并展开，找到"数据库触发器"节点并展开，即可找到要删除的 DDL 触发器节点，单击鼠标右键，在弹出的快捷菜单中选择"删除"命令即可。

2. 使用 T-SQL 语句删除触发器

其语法格式如下：

```
DROP TRIGGER<触发器名> [,... n ]
```

注意：DML 触发器是依附于表的，当删除一个表时，依附于此表的触发器自然也被删除。

6.5　数据库和程序设计数据处理方式的桥梁——游标

由 SELETE 语句返回的行集包括满足该语句的 WHERE 子句中条件的所有行，这种由语句返回的完整行集称为结果集。但是有时候应用程序并不总能将整个结果集作为一个单元来有效地处理，这些应用程序需要一种机制以便每次处理一行或一部分行。游标就是提供这种机制的对结果集的一种扩展。

使用游标具有以下优点：

- 允许程序对由查询语句 SELETE 返回的行集合中的每一行执行相同或不同的操作，而不是对整个行集合执行同一个操作。
- 提供对基于游标位置的表中的行进行删除和更新的能力。
- 游标实际上作为面向集合的数据库管理系统（RDBMS）和面向行的程序设计之间的桥梁，使这两种处理方式通过游标沟通起来。

6.5.1　游标的概念

游标主要用在存储过程、触发器和 Transact-SQL 脚本中。用户可以把它理解为一种特殊变量，也必须先声明后使用。

Microsoft SQL Server 2008 支持两种请求游标的方法：

- Transact-SQL ：使用 Transact-SQL 语句定义的游标。
- 数据库应用程序编程接口（API）游标函数：SQL Server 支持以下数据库 API 的游标功能：
  - ◆ ADO（Microsoft ActiveX 数据对象）
  - ◆ OLE DB
  - ◆ ODBC（开放式数据库连接）

应用程序不能混合使用这两种请求游标的方法。已经使用 API 指定游标行为的应用程序不能再执行 Transact-SQL 的 Declare Cursor 语句请求一个 Transact-SQL 游标。应用程序只有在将所有的 API 游标特性设置为默认值后，才可以执行 Declare Cursor。如果既未请求 Transact-SQL 游标也未请求 API 游标，则默认情况下 SQL Server 将向应用程序返回一个完整的结果集。

根据游标实现的位置不同，游标可以分为服务器游标和客户端游标。使用 Transact-SQL 语句，或 OLE DB、ODBC 和 ADO API 函数定义的游标都在服务器上实现，成为服务器游标。ODBC 支持在客户端实现的游标。在客户端游标中，将把整个结果集高速缓存在客户端上，所有的游标操作都针对此客户端高速缓存来执行，而不使用 Microsoft SQL Server 的任何服务器游标功能。

6.5.2　使用游标的步骤

游标的使用可以总结为 6 个步骤：声明游标、打开游标、提取数据、修改数据、关闭游标、释放游标。

1．声明游标

游标在使用前必须先声明，声明游标语句的基本语法格式如下：

```
DECLARE <游标名> [SCROLL] CURSOR
FOR
```

```
<SELECT 语句>
[ FOR {READ ONLY| UPDATE [ OF <列名> [ ,...n ] ]} ]
```

说明：

- SCROLL：如果声明游标时没有使用 SCROLL 关键字，则所声明的游标只具有默认的 NEXT 功能。
- READ ONLY：定义只读游标，禁止通过游标修改数据。在 Update 或 Delete 语句的 Where Current Of 子句中不能引用该游标。
- UPDATE [OF <列名> [,...n]]：定义游标中可更新的列。如果指定了 OF <列名> [,...n]，则只允许修改所列出的列。如果指定了 UPDATE，但未指定列的列表，则可以更新所有列。

2．打开游标

打开游标语句的基本语法格式如下：

```
OPEN <游标名>
```

当执行打开游标的语句时，服务器将执行声明游标时使用的 Select 语句。

3．提取数据

在利用 OPEN 语句打开游标并从数据库中执行了查询之后，就可以利用 FETCH 语句从查询结果集中提取数据了。使用 FETCH 语句一次可以提取一条记录，具体的语法格式如下：

```
FETCH [[NEXT|PRIOR|FIRST|LAST|ABSOLUTE n | RELATIVE n]
FROM <游标名>
[INTO @<变量名> [ ,...n ]
```

- 利用 FETCH 语句提取数据时，可以指定以下提取方式：
  - FIRST：提取第一行数据。
  - LAST：提取最后一行数据。
  - PRIOR：提取前一行数据。
  - NEXT：提取后一行数据。
  - RELATIVE：按相对位置提取数据。
  - ABSOLUTE：按绝对位置提取数据。
- INTO @<变量名> [,...n]：将提取的结果存放到局部变量中。变量的数量、排列顺序和相应的数据类型必须和声明游标时使用的 SELECT 语句中引用的数据列的数量、排列顺序和数据类型保持一致。

使用 FETCH 语句一次可以从结果集中取出一条记录，但是多数情况下，所做的操作是从结果集的第一条记录开始提取，一直到结束。所以，一般要将使用游标提取数据的语句放在一个循环体内（如 WHILE 循环），直到将结果集中的数据全部提取完，跳出循环。

通过检测全局变量@@FETCH_STATUS 的值，可以获得 FETCH 语句的状态信息，该状态信息用于判断该 FETCH 语句返回数据的有效性。当执行一条 FETCH 语句之后，@@FETCH_STATUS 可能出现三种值：

- 0：FETCH 语句成功。
- –1：FETCH 语句失败或行不在结果集中。
- –2：提取的行不存在。

4．修改数据

如果游标定义为可更新的，则当定位在游标中的某一行时，可以使用 UPDATE 或 DELETE 语句中的 WHERE CURRENT OF <游标名>子句执行定位更新或删除操作。

5．关闭游标

游标打开之后，服务器会专门为游标开辟一定的内存空间存放游标操作的数据结果集，同时使用游标也会对某些数据进行封锁。所以，在长时间不用游标的时候，一定要关闭游标，通知服务器释放游标所占用的资源。游标关闭之后，可以再次打开，在一个处理过程中，可以多次打开和关闭游标。关闭游标的语法格式为：

```
CLOSE <游标名>
```

6．释放游标

使用完游标之后应该将游标释放，以释放被游标占用的资源。释放游标的语法结构如下：

```
DEALLOCATE <游标名>
```

当用命令关闭游标时，并未释放游标占用的数据结构。如果要释放游标占用的数据结构，应使用 DEALLOCATE 命令。

游标释放之后，如果要重新使用游标，必须重新执行声明游标的语句。

注意：游标的关闭是指释放游标结果集所占用的资源，游标的释放是指释放游标占用的所有资源，当然也包括结果集占用的资源。

6.5.3 游标的应用

例 6-16　为学生表中姓名以"李"开头的行声明一个简单的游标 jbxxb1_cursor，并使用 FETCH NEXT 逐个提取这些行。FETCH 语句以单行结果集形式返回由 DECLARE CURSOR 指定列的值。

在查询编辑器窗口中输入以下语句并执行（注释部分可不输入），运行结果如图 6-35 所示。使用的语句如下。

```
--声明游标
DECLARE jbxxb1_cursor CURSOR
FOR
SELECT 姓名 FROM 学生表
WHERE 姓名 LIKE '李%'
ORDER BY 姓名
--打开游标
```

```
OPEN jbxxbl_cursor
--从游标中提取第一行数据
FETCH NEXT FROM jbxxbl_cursor
--提取到数据，则循环，依次提取剩余数据
WHILE @@FETCH_STATUS = 0
BEGIN
FETCH NEXT FROM jbxxbl_cursor
END
--关闭游标
CLOSE jbxxbl_cursor
--释放游标
DEALLOCATE jbxxbl_cursor
```

图 6-35　创建游标提取数据

例 6-17　本例与例 6-16 相似，提取学生表中姓名以"李"开头的行。使用 FETCH 语句将值存入变量，但 FETCH 语句的值存储于局部变量而不是直接返回给基表。PRINT 语句将变量组合成单一字符串并将其返回到基表。

在查询编辑器窗口中输入以下语句并执行，运行结果如图 6-36 所示。

使用的语句如下。

```
DECLARE @学号 varchar(40), @姓名 varchar(20)
DECLARE xm_cursor CURSOR FOR
SELECT 学号,姓名 FROM 学生表
WHERE 姓名  LIKE  '李%'
ORDER BY  姓名
OPEN  xm_cursor
```

```
FETCH NEXT FROM xm_cursor
INTO @学号, @姓名
WHILE @@FETCH_STATUS = 0
BEGIN
    PRINT '学生姓名为：' + @姓名 + '; 学号为' + @学号
    FETCH NEXT FROM xm_cursor
    INTO @学号, @姓名
END
CLOSE xm_cursor
DEALLOCATE xm_cursor
```

图 6-36　提取数据时使用局部变量

6.6　数据库原理（五）——数据库系统体系结构

数据库系统的体系结构是数据库技术应用的基础。1975 年，ANSI 公布的研究报告中将数据库的体系结构分为三级，也称为三级模式结构。

6.6.1　三级模式

数据库系统的体系结构分为三级，外模式、模式、内模式，如图 6-37 所示。虽然现在的 DBMS 产品多种多样，但绝大多数 DBMS 在体系结构上都具有三级模式结构的特征。

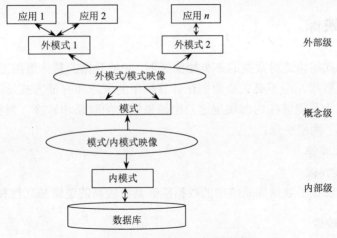

图 6-37　数据库三级模式结构

1. 模式（Conceptual Schema）

模式也称逻辑模式，是数据库中全体数据的逻辑结构和特征的描述，是所有用户的公共数据视图。它是数据库系统模式结构的中间层，既不涉及数据的物理存储细节和硬件环境，也与具体的应用程序、所使用的应用开发工具及高级程序设计语言（如 C，COBLO，FORTRAN）无关。

2. 外模式（External Schema）

外模式也称子模式或用户模式，是数据库用户（包括应用程序员和最终用户）能够看见和使用的局部数据的逻辑结构和特征的描述，是数据库用户的数据视图，是与某一应用有关的数据的逻辑表示。

3. 内模式（Internal Schema）

内模式也称存储模式，一个模式只有一个内模式。它是数据物理结构和存储方式的描述，它定义所有的内部记录类型、索引和文件的组织形式，以及数据控制方面的细节。

SQL Server 2008 的体系结构也是一个典型的三级模式结构。在 SQL Server 2008 的三级体系结构中，外模式对应于视图，模式对应于表，内模式对应于存储文件。

SQL Server 2008 三级模式结构如图 6-38 所示。

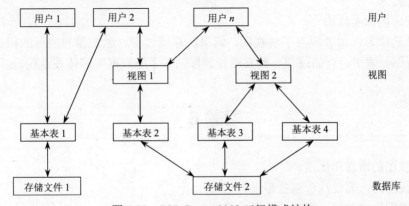

图 6-38　SQL Server 2008 三级模式结构

6.6.2 两级映像

数据库的三级模式结构是对数据的 3 个抽象级别。它把数据的具体组织工作留给 DBMS，用户只需抽象地处理数据，而不必关心数据在计算机中的表示和存储方式，这样就减轻了用户使用系统的负担。为了能够在内部实现这三个抽象层次的联系和转换，数据库管理系统在这三级模式之间提供了两层映像：

- 外模式/模式映像
- 模式/内模式映像

正是这两层映像保证了数据库系统中的数据能够具有较高的逻辑独立性和物理独立性。

1．外模式/模式映像

外模式/概念模式间的映像定义了特定的外部视图和概念视图之间的对应，当概念模式的结构发生改变时，也可以通过调整外模式/模式间的映像关系，使外模式可以保持不变。

2．模式/内模式映像

模式/内模式的映像定义了概念视图和存储的数据库的对应关系，它说明了概念层的记录和字段在内部层次的表示。如果数据库的存储结构改变了，只要对模式/内模式的映像进行必要的调整，就能使模式保持不变。

本章小结

本章讲解 SQL Server 2008 中的视图、索引、存储过程、触发器和游标，主要包括以下内容：

- 视图技术
- 索引技术
- 存储过程技术
- 触发器技术
- 游标技术
- 数据库的体系结构

通过本章的学习，读者应当了解视图、索引、存储过程、触发器和游标的相关知识，能够合理利用视图、索引、存储过程、触发器和游标，并了解数据库的体系结构。

习题 6

1．简述视图的概念和优点。
2．创建视图时，需要注意哪些事项？
3．利用视图管理数据，需要注意哪些问题？

4．简述索引的概念和作用？

5．设计索引时，需要考虑哪些问题？

6．简述聚集索引和非聚集索引的含义与要求？

7．游标的种类有哪些？

8．简述用户创建存储过程的方法。

9．如何执行存储过程？使用参数时有哪些注意事项？

10．什么是触发器？使用触发器有什么优点？

11．SQL Server 2008 包括哪几种触发器？其执行原理是什么？

12．使用游标的具体步骤是什么？相关的语句都有哪些？

13．画出数据库系统的体系结构图。

实训 6 创建索引、视图、存储过程、游标和触发器

实训目的：掌握 SQL Server 2008 中创建视图、索引、存储过程、触发器和游标的方法。

操作步骤：

1．完成例 6-1～6-17；

2．基于学生表中数据，创建女生基本情况视图；

3．使用女生基本情况视图查询 20101001 班的女生信息；

4．在学生表上创建根据"姓名"列升序的非聚集索引；

5．创建系部人数统计表，其中包括系部编号，系部人数，男生人数和女生人数，后三者用于统计学生表中各系的总人数，男生人数和女生人数。编写并执行存储过程 proc_xb，用于由学生表中统计出数据并插入系部人数统计表中；

6．创建一个带参数的存储过程 proc_kc，用于按课程名称输出学生的成绩信息，并执行该存储过程；

7．在学生表上创建 INSERT、UPDATE、DELETE 触发器，用于维护学生表和班级人数统计表之间的数据一致性；

8．在 student 数据库中创建 DDL 触发器，禁止修改当前数据库中的表；

为学生表中女生的记录声明一个简单的游标 nv_cursor，并使用 FETCH NEXT 逐个提取这些行。

第**7**章

数据库的复制与恢复

本章要点

➢ 掌握数据库的分离与附加
➢ 理解数据库备份和恢复的原理
➢ 掌握数据库各种类型的备份和备份恢复的方法
➢ 掌握数据库数据的导入/导出

7.1　数据库分离与附加

7.1.1　分离数据库

SQL Server 2008 允许分离数据库的数据文件和事务日志文件，然后将其附加到另一台服务器上，甚至同一台服务器上。分离数据库操作将从 SQL Server 服务器中删除数据库，但是仍保持数据库文件完好无损。与一般的磁盘文件一样，分离的数据库文件可以进行复制。在 SQL Server 2008 中，可以使用 SSMS 在图形化界面中分离数据库。

（1）启动 SSME，指向左侧子窗口中要分离的数据库，单击右键，在快捷菜单中选择"任务"→"分离"命令，打开"分离数据库"对话框，如图 7-1 所示。

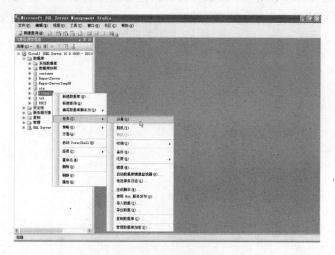

图 7-1　分离数据库

（2）要成功地分离数据库，数据库状态应为"就绪"，选择连接，单击"确定"按钮，完成数据库的分离。不能分离正在被连接或被复制的数据库。

7.1.2 附加数据库

附加数据库主要用于在不同的数据库服务器之间转移数据库，在 SQL Server 2008 中，与一个数据库相对应的数据文件和事务日志文件都是 Windows 系统中的普通磁盘文件，用标准方法直接复制文件后，再"附加"到 SQL Server 2008 中就能够达到复制和恢复数据库的目的。

无法在早期版本的 SQL Server 中附加由较新版本 SQL Server 创建的数据库。

在 SQL Server 2008 中，可以使用 SSMS 以图形化界面附加数据库。

（1）启动 SSME，指向左侧子窗口指定的"数据库"节点，单击鼠标右键，在快捷菜单中选择"附加"命令，打开"附加数据库"对话框。单击"添加"按钮打开"定位数据库文件"对话框，如图 7-2 所示。

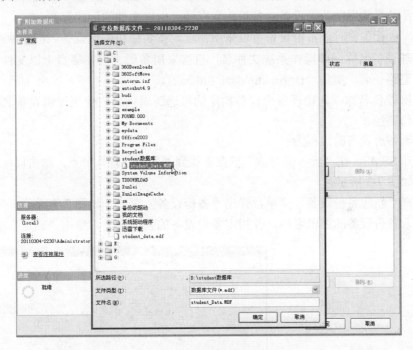

图 7-2 定位数据库文件

（2）选择数据库的主数据文件，单击"确定"按钮，如图 7-2 所示，完成数据库的附加。

7.2 数据库的备份与还原

为了保证数据的安全性，必须定期对数据库进行备份。当数据库遭到损坏或系统发生崩溃时，可以将制作好的备份还原到数据库服务器中。数据库的备份和恢复是数据库管理员维护数据库安全性和完整性必不可少的操作，合理地进行备份和恢复可以将可预见的和不可预见的问题对数据库造成的伤害降到最低。当运行 SQL Server 的服务器出现故障，或者数据库遭到某种程度的破坏时，可以利用以前对数据库所做的备份重建或恢复数据库。

在 SQL Server 2008 中，可以使用 SSMS 以图形化界面或者在查询编辑器中使用 Transact-SQL 语句等方式实现数据库的备份和还原。

7.2.1　备份数据库

1．备份的概念

数据库备份包括数据库结构和数据两方面的备份。备份的对象不但包括用户数据库，而且还应包括系统数据库。

2．备份设备

在进行备份之前，首先必须创建备份设备。备份设备是用来存储备份内容的介质。在 SQL Server 2008 中，支持 3 种的备份设备：disk（硬盘文件）、tape（磁带）、pipe（命名管道）。其中，硬盘文件是最常用的备份设备，备份内容在硬盘中以文件的形式存在。

对数据库进行备份时，备份设备可以采用物理设备名称和逻辑设备名称两种方式。

● 物理设备名称：即操作系统文件名，直接采用备份文件在磁盘上以文件方式存储的完整路径名，例如"D:\backup\data_full.bak"。

● 逻辑设备名称：为物理备份设备指定的可选逻辑别名。使用逻辑设备名称可以简化备份路径。

创建逻辑备份设备的过程为：

（1）打开 SSMS，在"服务器对象"节点下找到"备份设备"节点，单击鼠标右键，弹出快捷菜单，如图 7-3 所示。

（2）选择"新建备份设备"菜单，弹出"备份设备"窗口，如图 7-4 所示。

（3）输入备份设备的逻辑名称，并指定备份设备的物理路径，单击"确定"按钮即可。

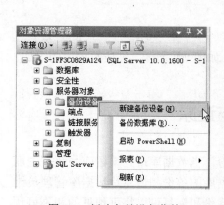

图 7-3　新建备份设备菜单

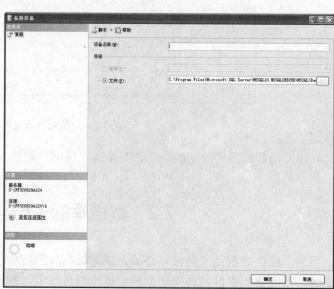

图 7-4　"备份设备"窗口

3. 备份方式

（1）完整备份

完整备份是指备份整个数据库，不仅包括表、视图、存储过程和触发器等数据库对象，还包括能够恢复这些数据的足够的事务日志。完整备份的优点是操作比较简单，在恢复时只需要一步就可以将数据库恢复到以前的状态。但是仅依靠完整备份只能将数据库恢复到上一次备份操作结束时的状态，而从上次备份结束以后到数据库发生意外时的数据库的一切操作都将丢失。而且，因为完整备份对整个数据库进行备份，执行一次完整备份需要很大的磁盘空间和较长的时间，因此完整备份不能频繁地进行。

（2）差异备份

差异备份是指备份最近一次完整备份之后数据库发生改变的部分，最近一次完整备份称为"差异基准"。因为差异备份只备份上次完整备份以来修改的数据页，所以执行速度更快，备份时间更短，可以相对频繁地进行，以降低数据丢失的风险。通常，一个完整备份之后，会执行若干个相继的差异备份。还原时，首先还原完整备份，然后再还原最新的差异备份。与完整备份一样，使用差异备份只能将数据库恢复到最后一次差异备份结束时刻的状态，无法将数据库恢复到出现意外前的某一个指定时刻的状态。

经过一段时间后，随着数据库的更新，包含在差异备份中的数据量会增加，这使得创建和还原备份的速度变慢。因此，必须重新创建一个完整备份，为另一个系列的差异备份提供新的差异基准。

（3）事务日志备份

只对事务日志文件进行的备份称为事务日志备份。使用事务日志备份可以在意外发生时将所有已经提交的事务全部恢复，因此使用这种备份方式可以将数据库恢复到意外发生前的状态或指定时间点时的状态，从而使数据损失降低到最小。事务日志备份需要的备份资源远远少于完整备份和差异备份，因此可以频繁使用事务日志备份，以便尽量减少数据丢失的可能性。

（4）文件和文件组备份

文件和文件组备份是指单独备份组成数据库的文件和文件组，在恢复数据库时可以只恢复遭到破坏的文件和文件组，而不需要恢复数据库的其他部分，从而加快了恢复的速度。这种备份方式适用于包含多个文件或文件组的 SQL Server 数据库，如果数据库由位于不同磁盘上的若干个文件组成，在其中一个磁盘发生故障时，只需还原故障磁盘上的文件，其他文件保持不变。

4. 数据库备份操作

备份操作可以在对象资源管理器中以可视化的方式进行，具体步骤为：

（1）连接到相应的 SQL Server 服务器实例之后，在 SSMS 中，单击服务器名称以展开服务器树。找到"数据库"节点并展开，选择要备份的系统数据库或用户数据库，单击鼠标右键，在弹出的快捷菜单中选择"任务"→"备份"命令，如图 7-5 所示。

（2）单击"备份"命令后，出现"备份数据库"对话框，如图 7-6 所示。在"数据库"下拉列表中将出现刚选择的数据库名，也可以从列表中选择其他数据库备份。在"恢复模式"下拉列表中选择恢复模式。

在"备份类型"下拉列表中选择备份类型：完整、差异或事务日志。在"备份组件"选项中选择"数据库"或"文件和文件组",每种组件都支持三种备份类型。

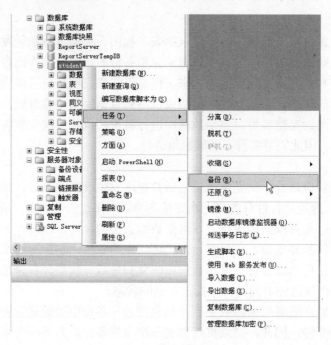

图 7-5 备份菜单

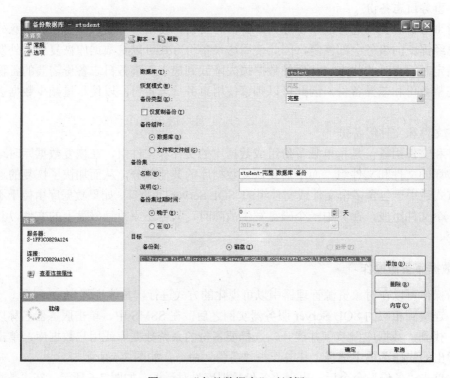

图 7-6 "备份数据库"对话框

如果选择备份"文件和文件组",则出现"选择文件和文件组"窗口,如图 7-7 所示,从中选择要备份的文件或文件组即可。

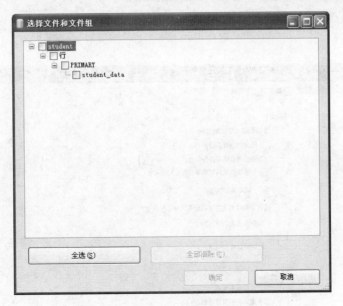

图 7-7　"选择文件和文件组"窗口

需要说明的是，如果没有执行过完整备份，而直接选择"差异"或"事务日志"备份类型，则会出现相应的错误提示对话框，如图 7-8 和图 7-9 所示，提示应该先执行一次完整备份，再进行差异或事务日志备份。

图 7-8　差异备份错误提示

图 7-9　事务日志备份错误提示

（3）在"名称"文本框中输入备份集的名称，也可以接受系统默认的备份集名称。在"说明"文本框中输入备份集的说明。

（4）在"备份集过期时间"选项中指定备份集在特定天数后过期或特定日期过期。

（5）在"目标"中选择"磁盘"或"磁带"，同时添加相应的备份设备到"目标"列表框中。

（6）在"选择页"窗格中，单击"选项"，可以打开数据库备份的高级选项，如图 7-10 所示。

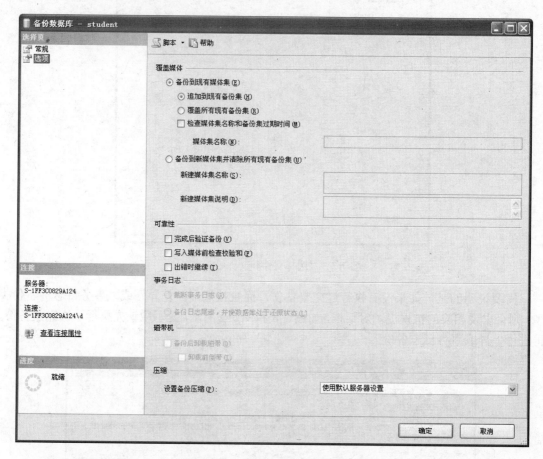

图 7-10　数据库备份高级选项

选项说明：

- "覆盖媒体"选项。可以选择"备份到现有媒体集"或"备份到新媒体集并清除所有现有备份集"。
- 如果选择"备份到现有媒体集"，则又有两个选项供选择："追加到现有备份集"或"覆盖所有现有备份集"。
- 选择"追加到现有备份集"选项，则本次备份内容将追加到以前的备份内容之后，以前的备份内容还将保留，在恢复数据库时可以选择使用哪次的备份内容进行恢复。
- 如果选择"覆盖所有现有备份集"选项，则本次备份内容将覆盖掉以前的备份，在恢复数据库时只能将数据库恢复到最后一次备份时的状态。
- 如果选中"检查媒体集名称和备份集过期时间"复选框，并且在"媒体集名称"文本框中输入了名称，将检查媒体以确定实际名称是否与此处输入的名称匹配。如果选择了"覆盖所有现有备份集"选项，则检查备份集是否到期，在到期之前不允许覆盖，此次备份失败。
- "备份到新媒体集并清除所有现有备份集"选项，请在"新建媒体集名称"文本框中输入名称，在"新建媒体集说明"文本框中描述媒体集。

- "可靠性"选项，有 3 个复选框共选择："完成后验证备份"可以验证备份集是否完整以及所有卷是否都可读；"写入媒体前检查校验和"选项可以在写入备份媒体前验证校验和，选择此选项可能会增大工作负荷，降低备份操作的吞吐量；"出错时继续"选项可以在备份过程中出现错误时继续备份。
- "事务日志"选项，只有在"常规"选项卡中指定备份类型为"事务日志"时，该选项才可用。
- "磁带机"选项，如果备份目标为"磁带"时，该选项可用。

（7）以上的设置完成之后，单击"确定"按钮，系统将按照所选的设置对数据库进行备份，如果没有发生错误，将出现备份成功的对话框，如图 7-11 所示。

图 7-11　备份成功对话框

数据库备份也可以通过 Backup Database 语句实现，根据备份类型的不同，备份语句也有所不同。

（1）完整备份和差异备份

实现完整备份和差异备份的语法格式为：

```
Back Database { database_name | @database_name_var }
To <backup_device> [ ,...n ]
[ With { Differential | <general_WITH_options> [ ,...n ] }]
[;]
```

说明：

- database_name：要备份的数据库名称。
- @database_name_var：存储要备份的数据库名称的变量。
- backup_device：指定用于备份操作的逻辑备份设备或物理备份设备。如果使用逻辑备份设备，应该使用下列格式：{ logical_device_name | @logical_device_name_var }，指定逻辑备份设备的名称。如果使用物理备份设备，使用下列格式：{ Disk | Tape } = { 'physical_device_name' | @physical_device_name_var }，指定磁盘文件或磁带。
- Differential：指定只备份上次完整备份后更改的数据库部分，即差异备份。必须执行过一次完整备份之后，才能做差异备份。
- general_WITH_options：备份操作的 With 选项，包含备份选项、媒体集选项、错误处理选项、数据传输选项等，这里只对几个常用的选项进行说明。Expiredate={date|@date_var}指定备份集到期的时间；Retaindays={days|@days_var}指定备份集经过多少天之后到期；如果同时使用这两个选项，Retaindays 的优先级别将高于 Expiredate。Password={password|@password_variable}为备份集指定密码，如果为备份集设置了密码，则必须提供该密码才能对该备份集执行任何还原操作；{ Noinit

| Init } 控制备份操作是追加还是覆盖备份媒体中的现有备份集。默认为追加到媒体中最新的备份集（Noinit）。{ Noskip| Skip }控制备份操作是否在覆盖媒体中的备份集之前检查它们的过期日期和时间。Noskip 为默认设置，指示 Backup 语句在可以覆盖媒体上的所有备份集之前先检查它们的过期日期。

例 7-1 完整备份示例，使用物理备份设备。

```
Backup Database student
To Disk=' D:\ Backup\student.bak'
```

例 7-2 差异备份示例。

```
Backup Database student
To student_backup
With Differential
```

（2）事务日志备份

实现事务日志备份的 Backup 语句的语法格式为：

```
Backup Log { database_name | @database_name_var }
To <backup_device> [ ,...n ]
[ With { <general_WITH_options>]
[;]
```

其中参数的含义与完整备份语句中的含义相同。

例 7-3 事务日志备份示例

```
Backup Log student
To Disk=' D:\ Backup\student_log.bak'
```

（3）文件和文件组备份

实现文件和文件组备份的 Backup 语句的语法格式如下：

```
Backup Database { database_name | @database_name_var }
<file_or_filegroup> [ ,...n ]
To <backup_device> [ ,...n ]
[ With { Differential | <general_WITH_options> [ ,...n ] }]
[;]
```

说明：

- file_or_filegroup：指定要进行备份的文件或文件组名。如果要对文件进行备份，可以使用下列格式 File = { logical_file_name | @logical_file_name_var }，指定要备份的文件的逻辑名称；如果要对文件组进行备份，可以使用 Filegroup = { logical_filegroup_name | @logical_filegroup_name_var }，指定要备份的文件组的名称。
- 其他参数的含义与完整备份语句中的参数含义相同。

例 7-4　文件和文件组备份示例。

```
Backup database student
file='student'
To Disk='D:\Backup\student_file.bak'
```

7.2.2　还原数据库

1. 还原的概念

数据库的还原是指将数据库的备份加载到系统中。还原是与备份相对应的操作。数据库备份后，一旦系统发生崩溃或者执行了错误的数据库操作，就可以从备份文件中恢复数据库。备份是还原的基础，没有备份就无法还原。

在备份和还原中总是存在着这样的矛盾：如果希望在发生所有故障的情况下都可以完全恢复数据库，则备份时需要占用很大的空间；如果希望使用较小的备份空间，则又不能完全保证数据库的顺利恢复。SQL Server 2008 提供了 3 种恢复模式：简单恢复模式、完整恢复模式和大容量日志模式，以便给用户在空间需求和安全保障方面提供更多的选择。

（1）简单还原模式

在简单恢复模式下不做事务日志备份，可最大限度地减小事务日志的管理开销。如果数据库损坏，则简单恢复模式将面临极大的数据丢失风险。数据只能恢复到最后一次备份时的状态。因此，在简单恢复模式下，备份间隔应尽可能短，以防止大量丢失数据。

（2）完全还原模式

相对于简单恢复模式而言，完整恢复模式和大容量日志恢复模式提供了更强的数据保护功能。这些恢复模式基于备份事务日志来提供完整的可恢复性及在最大范围的故障情形内防止丢失数据。完整恢复模式需要日志备份，此模式完整记录所有事务，并将事务日志记录保留到对其备份完毕为止。如果能够在出现故障后备份日志尾部，则可以使用完整恢复模式将数据库恢复到故障点。完整恢复模式可以恢复到任意时点。

（3）大容量日志模式

通常用作完整恢复模式的附加模式。对于某些大规模大容量操作（如大容量导入或索引创建），暂时切换到大容量日志恢复模式可提高性能并减少日志空间使用量，该模式需要日志备份。与完整恢复模式相同，大容量日志恢复模式也将事务日志记录保留到对其备份完毕为止，但是大容量日志恢复模式不支持时点恢复。

对于一个数据库的恢复模式，可以通过以下步骤进行查看或更改。

① 连接到相应的 SQL Server 实例之后，在"对象资源管理器"中单击相应的服务器名以展开服务器树。

② 展开"数据库"节点，用鼠标右键单击要查看恢复模式的数据库名，在弹出的快捷菜单中选择"属性"命令，如图 7-12 所示。

图 7-12　属性菜单

③ 打开"数据库属性"对话框，在"选择页"列表中，单击"选项"，如图 7-13 所示。

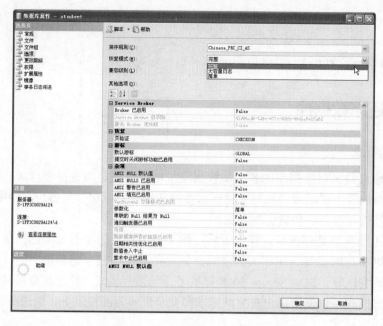

图 7-13 "数据库属性"对话框

④ 在"恢复模式"下拉列表中可以看到数据库当前的恢复模式，也可以从列表中选择不同的模式来更改数据库的恢复模式。

2. 还原操作

可视化恢复数据库的操作步骤如下：

（1）连接到相应的服务器实例之后，在"对象资源管理器"中单击服务器名称以展开服务器节点。

（2）用鼠标右键单击要恢复的数据库，在弹出的快捷菜单中选择"任务"→"还原"→"数据库"命令，如图 7-14 所示。

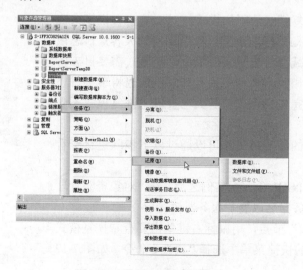

图 7-14 数据库恢复菜单命令

（3）打开"还原数据库"对话框，如图 7-15 所示。

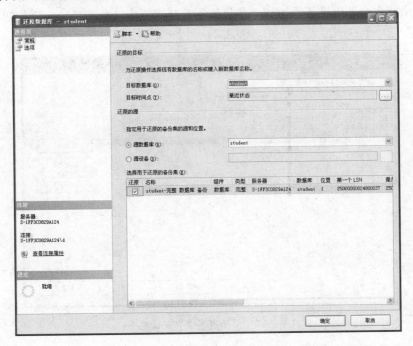

图 7-15　"还原数据库"对话框

（4）在"常规"选项卡上，要恢复的数据库的名称将显示在"目标数据库"下拉列表框中。如果要将备份还原成新的数据库，可以在"目标数据库"中输入要创建的数据库名称。

（5）在"目标时间点"文本框中，可以使用默认值"最近状态"，也可以单击右边的"浏览"按钮打开"时点还原"对话框，选择具体的日期和时间，如图 7-16 所示。

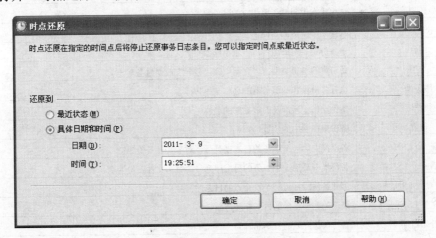

图 7-16　"时点还原"对话框

（6）如果要指定还原的备份集的源和位置，可以选择以下选项：

● 源数据库，在列表框中输入源数据库的名称，该选项表示使用以前对该数据库所做的备份内容进行还原。

● 源设备，单击右边的"浏览"按钮，打开"指定备份"对话框，如图 7-17 所示。在

"备份媒体"列表框中，从列出的设备类型中选择一种。单击"添加"按钮可以将一个或多个备份设备添加到"备份位置"列表框中，单击"确定"按钮返回到"常规"选项卡。

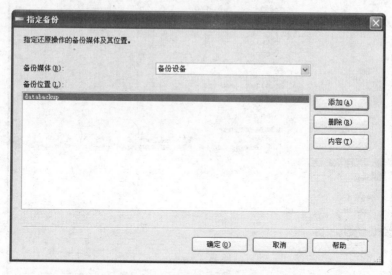

图 7-17 "指定备份"对话框

（7）在"选择用于还原的备份集"表格中，选择用于还原的备份。默认情况下，系统会推荐一个恢复计划，如果修改系统建议的恢复计划，可以在表格中更改选择。该表格中各列的含义如表 7-1 所示。

表 7-1 "选择用于还原的备份集"表格说明

列 标 题	说 明
还原	选中状态说明要还原相应的备份集
名称	要还原的备份集名称
组件	该备份集备份的组件："数据库"、"文件"或空白（表示事务日志）
类型	备份集的备份类型："完整"、"差异"或"事务日志"
服务器	执行备份操作的服务器的名称
数据库	备份操作中所涉及的数据库的名称
位置	备份集在卷中的位置
第一个 LSN	备份集中第一个事务的日志序列号，对于文件备份为空
最后一个 LSN	备份集中最后一个事务的日志序列号，对于文件备份为空
检查点 LSN	创建备份时最近一个检查点的日志序列号
完整 LSN	最新的完整备份的日志序列号
开始日期	备份操作开始的日期和时间
完成日期	备份操作完成的日期和时间
大小	备份集的大小，以字节为单位
用户名	执行备份操作的用户的名称
过期	备份集的过期日期和时间

（8）如果要查看或选择高级选项，可以单击"选择页"中的"选项"，将切换到"选项"选项卡，如图 7-18 所示。

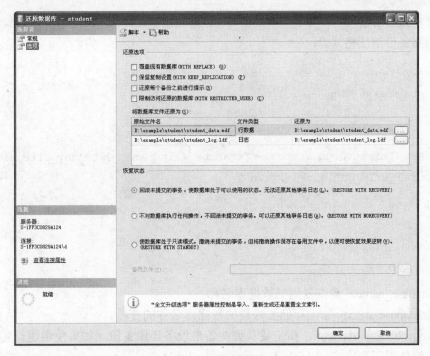

图 7-18　"选项"选项卡

（9）在"还原选项"区域，有以下几个选项：

- 覆盖现有数据库，指定还原操作应覆盖现有数据库及文件，即使已存在同名的其他数据库或文件。

- 保留复制设置，将已发布的数据库还原到创建该数据库的服务器之外的服务器时，保留复制设置。该选项只能与"回滚未提交的事务，使数据库处于可以使用的状态…"选项一起使用。

- 还原每个备份之前进行提示，还原初始备份之后，该选项会在还原每个附加备份集之前打开"继续还原"对话框，提示是否需要继续进行还原。

- 限制访问还原的数据库，使还原的数据库仅供 db_owner、dbcreator 或 sysadmin 的成员使用。

（10）"将数据库文件还原为"表格中列出了原始数据库文件名称，可以更改到要还原到的任意文件的路径和名称。

（11）"恢复状态"选项用来指定恢复操作之后的数据库状态，有以下几个选项可以选择：

- 回滚未提交的事务，使数据库处于可使用的状态。使用该选项进行恢复之后，数据库即可使用。

- 不对数据库执行任何操作，不回滚未提交的事务。该选项使数据库处于未恢复的状态，接下来可以执行其他的恢复操作。

- 使数据库处于只读模式。该选项使数据库处于只读的状态。

3．恢复命令

数据库恢复操作也可以通过 Restore 语句实现，根据要恢复的备份类型不同，Restore 语句也有所不同。

（1）恢复完整备份

恢复完整备份语法格式为：

```
Restore Database { database_name | @database_name_var }
[From <backup_device> [ ,...n ] ]
[With
{
[Recovery |Norecovery | Standby = {standby_file_name | @standby_file_name_var }]
|,<general_WITH_options>[ ,...n ]
}[ ,...n ]
]
[;]
```

说明：

- database_name：要恢复到的数据库名称。
- @database_name_var：存储要恢复的数据库名称的变量。
- From<backup_device>：指定要从哪些备份设备还原备份。如果使用逻辑备份设备，应该使用下列格式：{ logical_device_name | @logical_device_name_var }，指定逻辑备份设备的名称。如果使用物理备份设备，使用下列格式：{ Disk | Tape} = { 'physical_device_name' | @physical_device_name_var }，指定磁盘文件或磁带。如果省略 From 子句，则说明使用该数据库以前的备份内容恢复数据库，且必须在 With 子句中指定 Norecovery、Recovery 或 Standby。
- Recovery：指示还原操作回滚任何未提交的事务，在恢复进程后即可随时使用数据库。如果既没有指定 Norecovery 和 Recovery，也没有指定 Standby，则默认为 Recovery。如果安排了后续 Restore 操作（Restore Log 或从差异数据库备份 Restore Database），则应改为指定 Norecovery 或 Standby。
- Norecovery：指示还原操作不回滚任何未提交的事务，如果稍后必须应用另一个恢复操作，则应指定 Norecovery 或 Standby 选项。还原数据库备份和一个或多个事务日志时，或者需要多个 Restore 语句（例如还原一个完整数据库备份并随后还原一个差异数据库备份）时，Restore 需要对所有语句使用 With Norecovery 选项，但最后的 Restore 语句除外。最佳方法是按多步骤还原顺序对所有语句都使用 With Norecovery，直到达到所需的恢复点为止，然后仅使用单独的 Restore With Recovery 语句执行恢复。
- Standby = standby_file_name 指定一个允许撤销恢复效果的备用文件。
- general_WITH_options：恢复操作的 With 选项，包含还原操作选项、备份集选项、错误管理选项、数据传输选项等，这里只对几个常用的选项进行说明。Move 'logical_file_name_in_backup' To 'operating_system_file_name' [...n]指定对于逻辑名称由 logical_file_name_in_backup 指定的数据或日志文件，应当通过将其还原到 operating_system_file_name 所指定的位置来对其进行移动。默认情况下，logical_file_name 将还原到其原始位置。Replace 指定即使存在另一个具有相同名称的数据库，SQL Server 也应该创建指定的数据库及其相关文件。在这种情况下将删除现有的数据库。如果不指定 Replace 选项，则会执行安全检查。这样可以防止意外覆盖其他数据库。安全检查可确保在以下条件同时存在的情况下，Restore Database 语句不会将数据库还原到当前服务器：在 Restore 语句中命名的数据库已存在于当前服务器中，并且该数据库名称与备份集中记录的数据库名称不同。Restricted_User 限制只有 db_owner、dbcreator 或 sysadmin 角色的成员才能访问新近还原的数据库。

例7-5　恢复完整备份示例

```
Restore Database student
From Disk='D:\Backup\student.bak'
```

（2）恢复差异备份

使用 Restore 语句恢复差异备份的语法和恢复完整备份的 Restore 语句的语法格式一样，不过在进行恢复差异备份之前，首先需要恢复差异备份之前的完整备份，具体的步骤为：

① 执行带 Norecovery 选项的 Restore Database 语句，恢复差异备份之前的完整备份。

② 使用 Restore Database 语句指定要恢复差异备份的数据库名称，和要从中还原差异备份的备份设备名称。

③ 如果恢复了差异备份之后，还要恢复事务日志备份，则应该使用 Norecovery 选项，否则使用 Recovery 选项。

④ 执行 Restore Database 语句恢复差异备份。

例7-6　恢复差异备份举例。

```
Restore Database student
From Disk='D:\Backup\student.bak'
With Norecovery
Restore Database student
From student_backup
```

（3）恢复事务日志备份

恢复事务日志备份的语法格式为：

```
Restore Log { database_name | @database_name_var }
[From <backup_device> [ ,...n ] ]
[With
{[   Recovery   |   Norecovery|   Standby   =   {standby_file_name   |
@standby_file_name_var }]
|, <general_WITH_options>[ ,...n ]
|, <point_in_time_WITH_options>
}[ ,...n ]
]
[;]
```

说明：

- point_in_time_WITH_options：时点还原选项，仅用于完全恢复模式和大容量日志记录恢复模式，主要有 3 个选项{ Stopat | Stopatmark | Stopbeforemark }。通过在 Stopat、Stopatmark 或 Stopbeforemark 子句中指定目标恢复点，可以将数据库还原到特定时间点或事务点。指定的时间或事务始终从日志备份还原。在还原序列的每个 Restore Log 语句中，必须在相同的 Stopat、Stopatmark 或 Stopbeforemark 子句中指定目标时间或事务。Stopat = { 'datetime' | @datetime_var }指定将数据库还原到它在 datetime 或 @datetime_var 参数指定的日期和时间时的状态，如果指定的 Stopat 时间是在最后日志备份之后，则数据库将继续处于未恢复状态。Stopatmark = { 'mark_name' | 'lsn:lsn_number' } [After 'datetime'] 指定恢复至指定的恢复点，恢复中包括指定的生成时已经提交的事务。lsn_number 参数指定了一个日志序列号。只有 Restore Log 语句支持 mark_name 参数。此参数在日志备份中标识一个事务标记。在 Restore Log 语句中，如果省略 After datetime，则恢复操作将在含有指定名称的第一个标记处停止。如果指定了 After datetime，则恢复操作将于达到 datetime 时或之后在含有指定名称的第一个标记处停止。Stopbeforemark = { 'mark_name' | 'lsn:lsn_number' } [After 'datetime'] 指定恢复至指定的恢复点为止。在恢复中不包括指定的事务，且在使用 With Recovery 时将回滚，其他参数和 Stopmark 选项中的参数含义相同。
- 其余选项的含义和 Restore Database 语句中的选项相同，这里就不再赘述。

例 7-7 恢复事务日志备份示例。

```
Restore Database student
From Disk='D:\Backup\student.bak'
With Norecovery
Restore Database student
From student_backup
With NoRecovery
Restore log student
From Disk='D:\Backup\student_log.bak'
With Recovery
```

（4）恢复文件和文件组备份

恢复文件和文件组备份的 Restore 语句的语法格式如下：

```
Restore Database { database_name | @database_name_var }
<file_or_filegroup> [ ,...n ]
[ From <backup_device> [ ,...n ] ]
With
{
[Recovery | Norecovery ]
[,<general_WITH_options> [ ,...n ]]
}[ ,...n ]
[;]
```

说明：

- 用于恢复文件和文件组备份的 Restore Database 语句和用于完整备份和差异备份的 Restore Database 语句的主要区别在于<file_or_filegroup>语句块，该语句块的格式如下：

```
{ File = { logical_file_name_in_backup | @logical_file_name_in_backup_var }
|Filegroup = { logical_filegroup_name | @logical_filegroup_name_var }
}
```

- 其他参数的含义和用于恢复完整备份的 Restore Database 语句中的参数含义相同。
- 如果在创建文件备份之后对文件进行了修改，需要使用带 Norecovery 选项的 Restore 语句对文件备份进行恢复，然后用 Restore Log 语句恢复事务日志。

例 7-8　恢复文件备份示例。

```
Restore Database student
File='student'
From Disk='D:\Backup\student_file.bak'
```

7.2.3　数据库维护计划应用实例

1. 数据库维护计划概述

数据库维护计划能够使 SQL Server 2008 自动、定期地执行计划之中的维护任务，为系统管理员节省维护时间，也可以防止延误数据库的维护工作。数据库维护计划将创建 SQL Server 2008 作业，该作业自动按照所计划的时间间隔执行维护任务。

数据库维护计划的任务包括如下几个方面。

（1）更新数据优化信息。

① 重新组织数据和索引页中的数据。

② 更新查询优化器所使用的统计。

③ 删除数据库文件中不再使用的空间。

（2）运行数据库完整性检查

对数据库内的数据和数据页执行内部一致性检查，以确保系统或软件未曾损坏数据。

（3）执行数据库备份计划

自动执行备份数据库的数据文件和事务日志文件。如果要还原数据库，可以使用这些备份。

（4）设置日志传送

日志传送允许将事务日志文件传送至其他服务器。维护任务所产生的结果可以作为报告写到文本文件、HTML 文件或 MSDB 数据库的 sysdbmainplan_history 表中。报告也可以通过电子邮件发送给操作员。

2. 数据库维护计划应用实例

例 7-9　制订数据库维护计划 plan1，用于每周星期一至星期五下午 6 点自动备份数据库

student 的数据文件和事务日志文件。其中，备份文件保存在 D 盘 example 文件夹下，维护报告以文本文件的形式也保存在 D 盘 example 文件夹下。

（1）启动 SSMS，展开左侧子窗口中的"管理"文件夹，选择"维护计划"节点，单击鼠标右键，在快捷菜单中选择"新建维护计划"命令，如图 7-19 所示。

（2）打开"数据库维护计划"命名对话框，输入计划名，如图 7-20 所示。

图 7-19　"新建维护计划"命令　　　　　　　　图 7-20　维护计划命名

（3）单击"确定"按钮，打开创建维护计划的对话框，在左侧的工具箱中将"备份数据库任务"拖到右侧的黄色区域（或者按 Ctrl+Alt+X 组合键），拖入后如图 7-21 所示。

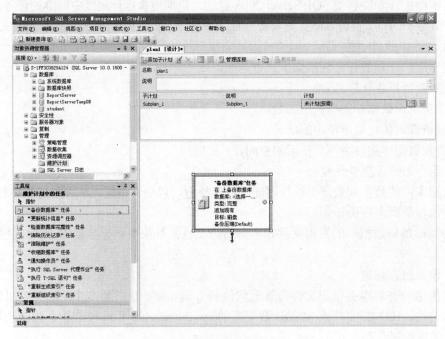

图 7-21　在计划中添加任务

（4）双击拖出来的这个任务（或者右键"属性"），会出现"备份数据库"任务的窗口，如图 7-22 所示。

在"备份类型"中选择"事务日志"。在"数据库"中选择"student"。设置文件备份文件放置目录文件夹为"D:\example"，如果要备份多个数据库，可以为每个数据库备份创建目录、名称。还有其他的各选项设置，如图 7-23 所示。

图 7-22　选择"student"数据库

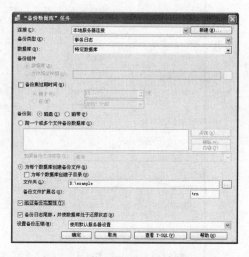
图 7-23　设置备份数据库的各选项

单击"查看 T-SQL"按钮可以查看相关代码，如图 7-24 所示。

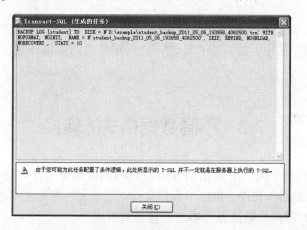
图 7-24　查看 T-SQL

（5）单击"确定"按钮，完成任务的各项设置。

（6）单击"计划"后面的日期按钮，如图 7-25 所示设置执行的时间计划：在每周周一至周五；每天频率为每天下午 6 点执行一次，如图 7-26 所示。

图 7-25　设置时间计划的按钮

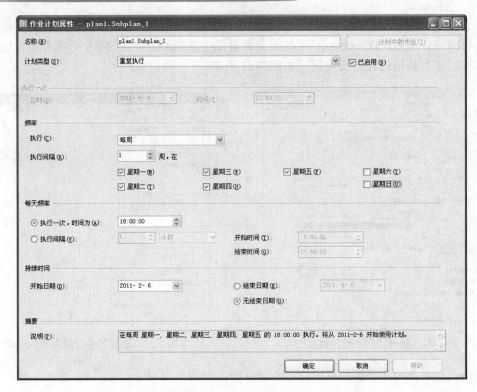

图 7-26　时间计划

（7）单击"确定"按钮，最后保存计划，完成事务日志备份计划，数据差异备份的做法与此相同。

7.3　不同数据格式的转换

数据的导入、导出主要用于在 SQL Server 2008 与其他数据库管理系统（如 Access、Foxpro、Oracle 等）或其他数据格式文件（如电子表格文件、文本文件等）之间进行数据交换，也可以在不同的 SQL Server 2008 数据库服务器之间转移数据库。

7.3.1　数据库数据的导入与导出

1．数据导出

例 7-10　将数据库 student 中的数据导入 Access 数据库的 student 中。

（1）启动 Microsoft　Access，在 D:\example 下创建一个新的空数据库 student_access。

（2）启动 SSMS，指向左侧窗口中的数据库 student，单击鼠标右键，在快捷菜单中选择"所有任务"→"导出数据"命令，打开"SQL Server 导入和导出向导"对话框，如图 7-27 所示。

（3）单击"下一步"按钮，打开"选择数据源"对话框，在数据库中选择"student"，如图 7-28 所示。

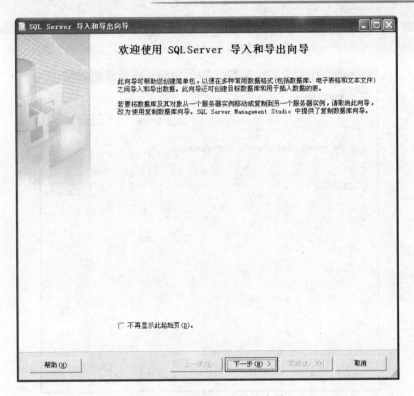

图 7-27　数据导入和导出向导

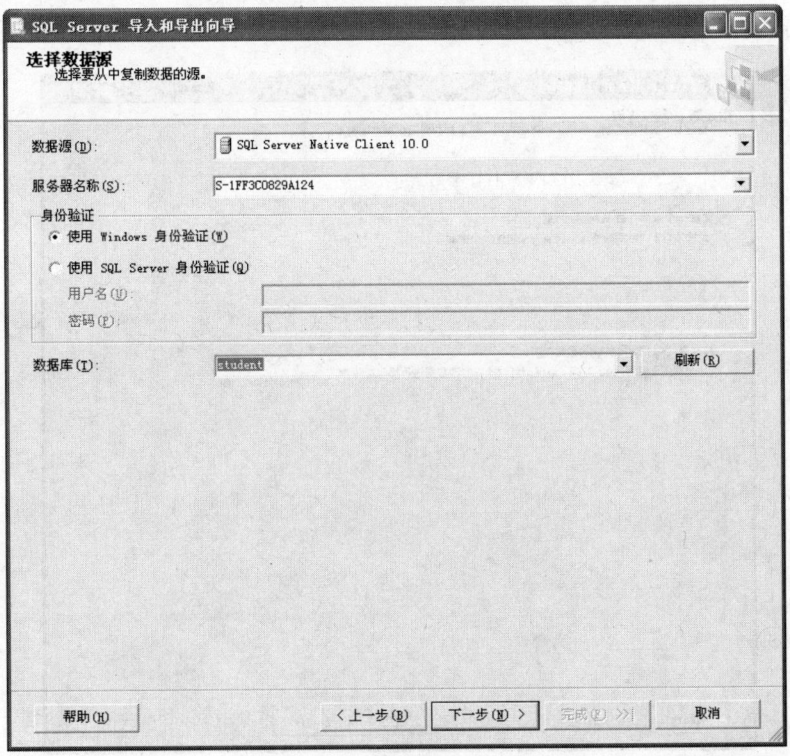

图 7-28　"选择数据源"对话框

数据库基础与应用

（4）单击"下一步"按钮，打开"选择目标"对话框，在目标中选择"Microsoft Access"，在文件名中浏览找到在第一步中建立的数据库"student_access"，如图 7-29 所示。

图 7-29　"SQL Server 导入和导出向导"窗口

（5）单击"下一步"按钮，打开"指定表复制或查询"的窗口，如图 7-30 所示。

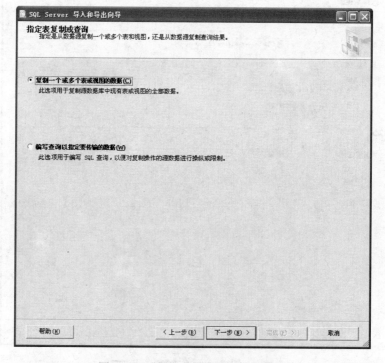

图 7-30　"指定表复制或查询"窗口

（6）单击"下一步"按钮，打开"选择源表和源视图"对话框，在数据库中选择相应的表和视图，如图 7-31 所示。

图 7-31 "选择源表和源视图"对话框

（7）单击"下一步"按钮，打开"查看数据类型映射"对话框，如图 7-32 所示。

图 7-32 查看数据类型映射

（8）单击"下一步"按钮，打开"保存并运行包"对话框，如图7-33所示。

图7-33　"保存并运行包"对话框

（9）单击"下一步"按钮，打开"完成该向导"的对话框，如图7-34所示。

图7-34　"完成该向导"对话框

（10）单击"完成"按钮，打开"执行成功"对话框，如图 7-35 所示。

图 7-35 "执行成功"对话框

2．数据导入

例 7-11 将 Access 数据库 student_access 中的数据导入数据库 student 中。

（1）启动 SSMS，指向左侧子窗口中的数据库 student，单击右键，在快捷菜单中选择"任务"→"导入"命令，打开向导。

（2）单击"下一步"按钮，在"数据源"下拉列表中选择数据源为"Microsoft Access"，在"文件名"文本框中指定源文件为"D:\example\student_access.mdb"，单击"下一步"按钮，打开"选择目标"对话框。、

（3）在"目的"下拉列表框中选择目标数据的数据格式类型为"Microsoft OLE DB Provider for SQL Server"，在"数据库"下拉列表框中选择目的数据库为"student"，单击"下一步"按钮打开"指定表复制或查询"对话框。

（4）选择导入数据的数据来源为"从源数据库复制表和视图"，单击"下一步"按钮，打开"指定表复制或查询"，单击"下一步"按钮，打开"选择源表和源视图"对话框。

（5）单击"全选"按钮，选择所有表中的数据作为导入数据，单击"下一步"按钮，打开"保存并运行包"对话框。

（6）选择"立即运行"复选项，立即导入数据，单击"下一步"按钮，打开"完成导入"对话框，单击"完成"按钮，完成数据的导入。

本章小结

本章主要讲述了数据库备份的重要性、数据库备份的种类和各种数据库备份的方法，以及从数据库备份中恢复数据库的方法。通过本章的学习，读者应该掌握以下内容：

- 数据库的分离
- 数据库的附加
- 数据库的备份
- 数据库的还原
- 数据库的维护计划
- 数据库中数据的导入和导出

习题 7

1. 简述数据库复制和还原的概念。
2. 数据库备份有几种类型？分别如何实现？
3. 从数据库备份中如何还原？
4. 练习数据库备份和还原的方法。
5. 简述数据库维护计划的概念和适用场合。

实训 7 数据库数据的复制与恢复

实训目的：掌握 SQL Server 2000 中有关数据库数据的复制与恢复的相关方法。

操作步骤：

1. 使用分离数据库的方法附加数据库 student。
2. 使用复制文件的方法附加数据库 student。
3. 使用 Transact-SQL 语句创建硬盘的备份设备，备份设备名 "<班级>_<学号>_bak，物理文件夹为 D 盘 "<班级>_<学号>" 文件夹下的 "<班级>_<学号>_bak.bak"。
4. 在数据库 student 中任意创建表 "<班级>_<学号>_t"。
5. 使用 Transact-SQL 语句将数据库 student 完成备份至备份设备 "<班级>_<学号>_bak" 上。
6. 删除表 "<班级>_<学号>_t"。
7. 使用 Transact-SQL 语句从备份设备 "<班级>_<学号>_bak" 上还原数据库 student。
8. 制定数据库维护计划，数据库维护计划名为 "<班级>_<学号>"，用于每星期五下午 6 点自动备份数据库 student 的数据文件和事务日志文件。其中，备份文件保存在 D 盘 "<班级>_<学号>" 文件夹下，维护报告以文本的形式也保存在 D 盘 "<班级>_<学号>" 文件夹下。
9. 将数据库 student 的表 "<班级>_<学号>_s" 中的数据导入 D 盘 "<班级>_<学号>" 文件夹下 Excel 文件 "<班级>_<学号>" 中。

第8章

数据的安全性

本章要点

➤ 理解数据库安全管理的含义
➤ 理解两种身份验证模式的概念和区别
➤ 掌握服务器登录账号的创建和管理方法
➤ 掌握数据库用户的创建和管理方法
➤ 掌握数据库对象权限的管理方法

8.1 概　　述

数据库中的数据对于一个单位来说是非常重要的资源，数据的不慎丢失或泄漏可能会带来严重的后果和巨大的损失，因此数据库安全是数据库管理中一个十分重要的方面。

数据库安全性包括两个方面的含义，既要保证那些具有数据访问权限的用户能够登录到数据库服务器，并且能够访问数据以及对数据库对象实施各种权限范围内的操作；同时，还要防止所有的非授权用户的非法操作。SQL Server 2008 提供了既有效又容易的安全管理模式，这种安全管理模式是建立在安全身份验证和访问权限机制上的。

SQL Server 2008 数据库系统的安全管理具有层次性，安全级别可以分为 3 层。第一层是 SQL Server 服务器级别的安全性，这一级别的安全性建立在控制服务器登录账号和密码的基础上，即必须具有正确的服务器登录账号和密码才能连接到 SQL Server 服务器。SQL Server 2008 提供了 Windows 账号登录和 SQL Server 账号登录两种方式，用户提供了正确的登录账号和密码连接到服务器之后，就获得相应的访问权限，可以执行相应的操作。SQL Server 事先设计了许多固定的服务器角色，用来为具有服务器管理员资格的用户分配使用权限，具有固定的服务器角色的用户可以拥有服务器级别的管理权限。

第二层安全性是数据库级别的安全性，用户提供正确的服务器登录账号和密码通过第一层的 SQL Server 服务器的安全性检查之后，将接受第二层的安全性检查，即是否具有访问某个数据库的权利。如果该登录账号不具有访问某个数据库的权限，当该用户试图访问这个数据库时，系统将拒绝。当建立服务器登录账号时，系统会提示选择默认的数据库。以后用户使用这个登录账号连接到服务器之后会自动转到默认的数据库上，另外也可以设置该登录账号可以访问的数据库信息。默认情况下，master 数据库将作为登录账号的默认数据库。不过因为 master 数据库中保存了大量的系统信息，所以建议在建立登录账号时不要将 master 数据库设置为默认数据库。

第三层安全性是数据库对象级别的安全性，用户通过了前两层的安全性验证之后，在对具体的数据库安全对象（如表，视图，存储过程等）进行操作时，将接受权限检查，即用户要想访问数据库里的对象时，必须事先被赋予相应的访问权限，否则系统将拒绝访问。数据库对象的所有者拥有对该对象全部的操作权限，在创建数据库对象时，SQL Server 自动把该对象的所有权赋予该对象的创建者。

8.2 登录账号管理

用户必须提供正确的登录账号和密码，才能连接到相应的 SQL Server 服务器。管理和设计合理的登录方式是数据库管理员的重要任务。

8.2.1 身份验证模式

SQL Server 2008 提供两种身份验证模式：Windows 身份验证模式和混合身份验证模式（SQL Server 和 Windows 身份验证模式）。

1. Windows 身份验证模式

在 Windows 身份验证模式下，系统会启用 Windows 身份验证并禁用 SQL Server 身份验证，即用户只能通过 Windows 账号与 SQL Server 进行连接。该 Windows 账号是用户启动操作系统的时候输入的账号名，如图 8-1 所示。SQL Server 使用操作系统中的 Windows 主体标记验证账户名和密码。也就是说，用户身份由 Windows 进行确认。SQL Server 不要求提供密码，也不执行身份验证。Windows 身份验证是默认身份验证模式，并且比 SQL Server 身份验证更为安全。Windows 身份验证使用 Kerberos 安全协议，提供有关强密码复杂性验证的密码策略强制，还提供账户锁定支持，并且支持密码过期。通过 Windows 身份验证完成的连接有时也称为可信连接，这是因为 SQL Server 信任由 Windows 提供的凭据。

图 8-1　Windows 身份验证

2. 混合身份验证模式

在混合身份验证模式下，系统会同时启用 Windows 身份验证和 SQL Server 身份验证。用户既可以通过 Windows 账号登录，也可以通过 SQL Server 专用账号登录。当使用 SQL Server 身份验证时，在 SQL Server 中创建的登录名并不基于 Windows 用户账号。账号名和密码均通过使用 SQL Server 创建并存储在 SQL Server 中。通过 SQL Server 身份验证进行连接的用户每次连接时必须提供登录名和密码，如图 8-2 所示。

图 8-2　SQL Server 身份验证

3. 查看和设置身份验证模式

安装 SQL Server 2008 时，安装程序会提示用户选择服务器身份验证模式，然后根据用户的选择将服务器设置为 Windows 身份验证模式或 SQL Server 和 Windows 身份验证模式。在使用过程中，可以根据需要来重新设置服务器的身份验证模式。具体的过程如下：

（1）在 SQL Server Management Studio 的 SSMS 中，右键单击服务器，在弹出的快捷菜单中选择"属性"命令。

（2）在"安全性"页上的"服务器身份验证"下，选择新的服务器身份验证模式，再单击"确定"按钮，如图 8-3 所示。

图 8-3　设置身份验证模式

（3）重新启动 SQL Server，使设置生效。

8.2.2 服务器角色

SQL Server 中"角色"的概念类似于 Microsoft Windows 操作系统中的"组",对应一组权限的定义。服务器级角色的权限作用域为服务器范围。数据库管理员将相应的权限赋予角色,然后再将角色赋给登录账号,从而使登录账号拥有了相应的权限。

SQL Server 2008 提供了 9 种固定的服务器角色,除此之外用户不能再创建新的服务器角色。在对象资源管理器中展开"安全性"节点,然后再单击"服务器角色",即可看到这 9 种服务器角色,如图 8-4 所示。

图 8-4 固定服务器角色

各服务器角色的权限定义如下:

- Sysadmin:sysadmin 角色的成员可以在服务器上执行任何活动。默认情况下,Windows BUILTIN\Administrators 组(本地管理员组)的所有成员以及 sa 都是 sysadmin 固定服务器角色的成员。

- Serveradmin:serveradmin 角色的成员可以更改服务器范围的配置选项和关闭服务器。

- Securityadmin:securityadmin 角色的成员可以管理登录名及其属性。可以 Grant、Deny 和 Revoke 服务器级别的权限,也可以 Grant、Deny 和 Revoke 数据库级别的权限。此外,还可以重置 SQL Server 登录名的密码。

- Processadmin:processadmin 角色的成员可以终止在 SQL Server 实例中运行的进程。

- Setupadmin:setupadmin 角色的成员可以添加和删除链接服务器。

- Bulkadmin:bulkadmin 角色的成员可以运行 Bulk Insert 语句。

- Diskadmin:diskadmin 固定服务器角色用于管理磁盘文件。

- Dbcreator:dbcreator 固定服务器角色的成员可以创建、更改、删除和还原任何数据库。

- Public:每个 SQL Server 登录账号都属于 public 服务器角色。如果未向某个登录账号授予特定权限,该用户将继承 public 角色的权限。

前 8 个服务器角色的权限是系统预先设定好的,不能更改。只有 public 角色的权限可以根据需要进行修改,而且对 public 角色设置的权限,所有的登录账号都会自动继承。查看和设置 public 角色的权限步骤为:

(1)右键单击 public 角色,在弹出的快捷菜单中单击"属性"命令。

(2)在"服务器角色属性"对话框的"权限"页中,可以查看当前 public 角色的权限并进行修改,如图 8-5 所示。

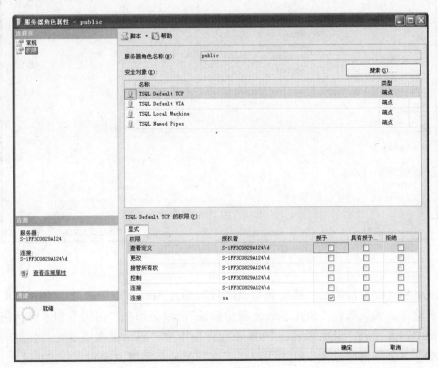

图 8-5 public 角色属性

8.2.3 账号管理

用户必须提供正确的登录账号和密码才能使用 SQL Server,SQL Server 将在整个服务器范围内管理登录账号,所有的登录账号都存储在 master 数据库的 syslogins 表中。

1. 创建登录账号

在 SQL Server Management Studio 的对象资源管理器中创建登录账号的具体步骤为:

(1)在"对象资源管理器"中,展开"安全性"节点,然后右键单击"登录名",在弹出的快捷菜单中选择"新建登录名"命令。

(2)在"登录名→新建"对话框中,选择"常规"页,如图 8-6 所示。

"常规"页中有以下内容:

● 登录名:在"登录名"文本框中输入要创建的登录账号名,也可以使用右边的"搜索"按钮打开"选择用户或组"对话框,查找 Windows 账户。

● Windows 身份验证:指定该登录账号使用 Windows 集成安全性。

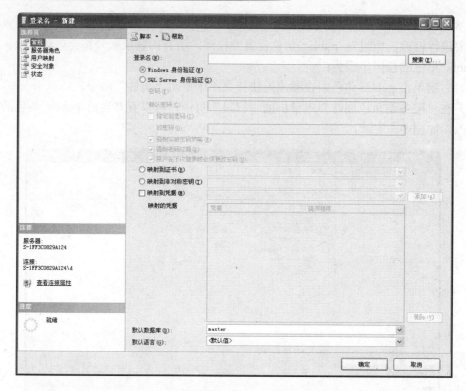

图 8-6 "常规"选项

- SQL Server 身份验证：指定该登录账号为 SQL Server 专用账号，使用 SQL Server 身份验证。如果选择"SQL Server 身份验证"，则必须在"密码"和"确认密码"文本框中输入密码，SQL Server 2008 不允许使用空密码。根据需要对"强制实施密码策略"、"强制密码过期"和"用户在下次登录时必须更改密码"复选框进行选择。
- 映射到证书：指定该登录账号与某个证书相关联，可以通过右边的文本框输入证书名。
- 映射到非对称密钥：表示该登录账号与某个非对称密钥相关联，可以在右边的文本框中输入非对称密钥名称。
- 映射到凭据：此选项将凭据链接到登录名。
- 默认数据库：为该登录账号选择默认的数据库。
- 默认语言：为该登录账号选择默认的语言。

（3）在"登录名-新建"对话框中，选择"服务器角色"页，如图 8-7 所示。这里可以选择将该登录账号添加到某个服务器角色中成为其成员，并自动具有该服务器角色的权限。其中，public 角色自动选中，并且不能删除。

（4）在"登录名-新建"对话框中，选择"用户映射"页，如图 8-8 所示。

在"用户映射"页中，可以指定该登录账号访问的数据库，并定义登录账号与数据库用户的映射。在"映射到此登录名的用户"列表中，选择允许该登录账号访问的数据库，并指定要映射到该登录名的数据库用户名。默认情况下，数据库用户名与登录名相同。在下面的"数据库角色成员身份"列表中，可以选择用户在指定数据库中的角色。关于数据库用户和数据库角色的概念将在 8.3 节中详细介绍。

图 8-7　"服务器角色"页

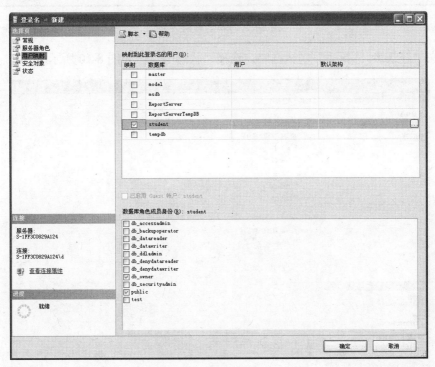

图 8-8　"用户映射"页

（5）在"登录名-新建"对话框中，选择"安全对象"页，如图 8-9 所示。在"安全对象"页中，通过"搜索"按钮选择相应类型的安全对象添加到"安全对象"列表中，然后在下面可以将指定的安全对象的权限授予登录账号或者拒绝登录账号获得安全对象的权限。

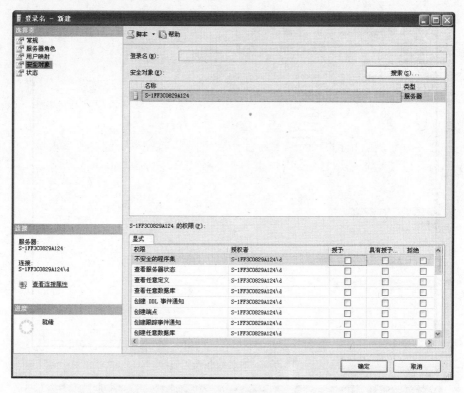

图 8-9 "安全对象"页

（6）在"登录名 – 新建"对话框中，选择"状态"页，如图 8-10 所示。

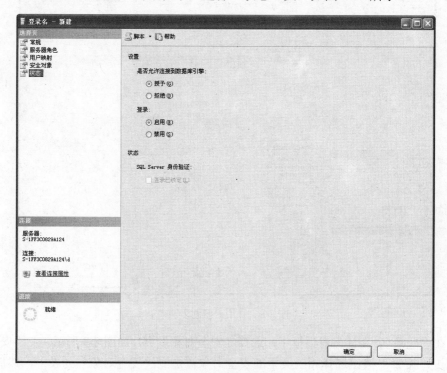

图 8-10 "状态"页

"状态"页用来设置与登录相关的选项，主要有以下几个：

● 是否允许连接到数据库引擎：选择"授予"将允许该登录账号连接到 SQL Server 数据库引擎，选择"拒绝"则禁止此登录账号连接到数据库引擎。

● 登录：可以选择"启用"或"禁用"来启用或禁用该登录账号。

● 登录已锁定：选中该复选框可以锁定使用 SQL Server 身份验证进行连接的 SQL Server 登录账号。

（7）设置完所有需要设置的选项之后，单击"确定"按钮即可创建登录账号。

另外，也可以使用 Create Login 语句来创建登录账号，具体的语法格式为：

```
Create Login loginName { With <option_list1> | From <sources> }
<option_list1> ::=
    Password = 'password' [ Must_Change ]
    [ , <option_list2> [ ,... ] ]
<option_list2> ::=
    | Default_Database = database
    | Default_Language = language
    | Check_Expiration = { On | Off}
    | Check_Policy = { On | Off}
    | Credential = credential_name
<sources> ::=
    Windows [ With <windows_options> [ ,... ] ]
    | Certificate certname
    | Asymmetric Key asym_key_name
<windows_options> ::=
    Default_Database = database
    | Default_Language = language
```

说明：

● loginName：要创建的登录账号名。有四种类型的登录名：SQL Server 登录名、Windows 登录名、证书映射登录名和非对称密钥映射登录名。如果从 Windows 域账户映射 loginName，则 loginName 必须用方括号（[ ]）括起来。

● Password = 'password'：指定正在创建的登录名的密码，该选项仅适用于创建 SQL Server 登录账号。

● Must_Change：如果包括此选项，则 SQL Server 将在首次使用新登录名时提示用户输入新密码。该选项仅用于创建 SQL Server 账号。

● Default_Database = database：指定该登录名的默认数据库。如果未包括此选项，则默认数据库将设置为 master。

● Default_Language = language：指定该登录名的默认语言。

● Check_Expiration = { On | Off }：仅适用于 SQL Server 登录名。指定是否对此登录账户强制实施密码过期策略。默认值为 Off。

● Check_Policy = { On | Off }：仅适用于 SQL Server 登录名。指定应对此登录名强制

实施运行 SQL Server 的计算机的 Windows 密码策略。默认值为 On。

- Credential = credential_name：指定该登录名映射到凭据名。
- Windows ：指定该登录账号为 Windows 登录账号。
- Certificate certname：指定将与此登录名关联的证书名称。此证书必须已存在于 master 数据库中。
- Asymmetric Key asym_key_name：指定将与此登录名关联的非对称密钥的名称。此密钥必须已存在于 master 数据库中。

例 8-1 创建 Windows 登录账号。

```
Create Login [slxx\guest] From Windows
```

例 8-2 创建 SQL Server 登录账号。

```
Create Login test_login With Password = '123456'
```

2. 修改登录账号

修改登录账号的过程和创建登录账号的过程类似，在对象资源管理器中，展开"安全性"节点下面的"登录名"节点，然后右键单击要修改的登录名，在弹出的快捷菜单中选择"属性"菜单，即可打开"登录属性"对话框，接下来就可以对该登录账号进行修改。其中各选项的含义和"登录名-新建"对话框中的选项含义相同，这里就不再赘述。

此外，也可以利用 Alter Login 语句修改登录账号，具体的语法格式如下：

```
Alter Login login_name
{
  <status_option>
  | With <set_option> [ ,... ]
  | <cryptographic_credential_option>
}
<status_option> ::=Enable | Disable
<set_option> ::=
   Password = 'password'
   [
     Old_Password = 'oldpassword'
     | <password_option> [<password_option> ]
   ]
   | Default_Database = database
   | Default_Language = language
   | Name = login_name
   | Check_Policy = { On | Off }
   | Check_Expiration = { On | Off }
   | Credential= credential_name
   | No Credential
```

```
<password_option> ::= Must_Change | Unlock
<cryptographic_credentials_option> ::=
        Add Credential credential_name
      | Drop Credential credential_name
```

说明：

- Enable | Disable： 启用或禁用此登录。
- 其余各选项的含义和 Create Login 语句中的选项含义相同，不再赘述。

例 8-3 修改登录账号。

```
Alter Login test_login With Password = '654321'
```

3. 删除登录账号

在"对象资源管理器"中，展开"安全性"节点下面的"登录名"节点，然后右键单击要删除的登录名，在弹出的快捷菜单中选择"删除"菜单，在出现的"删除登录"对话框中单击"确定"按钮即可删除该登录账号。

此外，也可以利用 Drop Login 语句删除登录账号，具体的语法格式如下：

```
Drop Login login_name
```

例 8-4 删除登录账号 test_login。

```
Drop Login test_login
```

8.3 数据库用户管理

8.3.1 数据库角色

1. 固定数据库角色

SQL Server 在每个数据库中都提供了 10 个固定的数据库角色。与服务器角色不同的是，数据库角色权限的作用域仅限于特定的数据库内。在对象资源管理器中展开相应数据库下的"安全性"节点，再单击"数据库角色"，可看到这 10 个数据库角色如图 8-11 所示。

10 个固定数据库角色的权限定义如下：

- db_accessadmin：db_accessadmin 固定数据库角色的成员可以为 Windows 登录账号、Windows 组和 SQL Server 登录账号添加或删除数据库访问权限。

- db_backupoperator：db_backupoperator 固定数据库角色的成员可以备份数据库。

图 8-11 固定数据库角色

- db_datareader：db_datareader 固定数据库角色的成员可以从所有用户表中读取所有数据。
- db_datawriter：db_datawriter 固定数据库角色的成员可以在所有用户表中添加、删除或更改数据。
- db_ddladmin：db_ddladmin 固定数据库角色的成员可以在数据库中运行任何数据定义语言（DDL）命令。
- db_denydatareader：db_denydatareader 固定数据库角色的成员不能读取数据库内用户表中的任何数据。
- db_denydatawriter：db_denydatawriter 固定数据库角色的成员不能添加、修改或删除数据库内用户表中的任何数据。
- db_owner：db_owner 固定数据库角色的成员可以执行数据库的所有活动，在数据库中拥有全部权限。
- db_securityadmin：db_securityadmin 固定数据库角色的成员可以修改角色成员身份和管理权限。
- public：每个数据库用户都属于 public 数据库角色。如果未向某个用户授予或拒绝特定权限时，该用户将继承授予该对象的 public 角色的权限。

前 9 个数据库角色的权限是系统预先设定好的，不能更改。只有 public 角色的权限可以根据需要修改，而且对 public 角色设置的权限，当前数据库中所有的用户都会自动继承。查看和设置 public 角色的权限的步骤为：

（1）右键单击 public 角色，在弹出的快捷菜单中选择"属性"命令。

（2）在"数据库角色属性"对话框的"安全对象"页中，可以查看当前 public 角色的权限并进行修改，如图 8-12 所示。

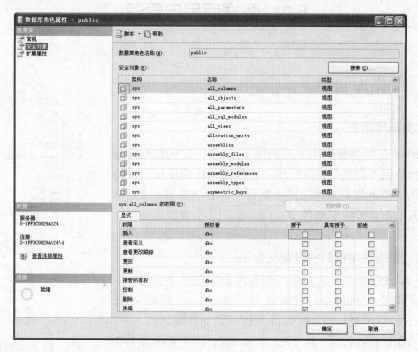

图 8-12　public 数据库角色权限

2. 新建数据库角色

与服务器角色不同的是，除了系统提供的固定数据库角色之外，用户还可以新建数据库角色。因为数据库角色是针对具体的数据库而言的，作用域为数据库范围，因此数据库角色的创建需要在特定的数据库下。具体的步骤为：

（1）打开"对象资源管理器"，展开需要创建数据库角色的数据库节点，找到"安全性"节点并展开。

（2）展开"角色"节点，在"数据库角色"节点上单击鼠标右键，在弹出的快捷菜单上选择"新建数据库角色"命令，如图 8-13 所示。

（3）这时将打开"数据库角色 – 新建"对话框，如图 8-14 所示。主要有以下几个选项。

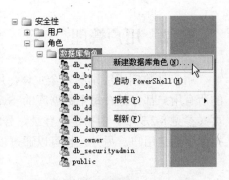

图 8-13　"新建数据库角色"命令

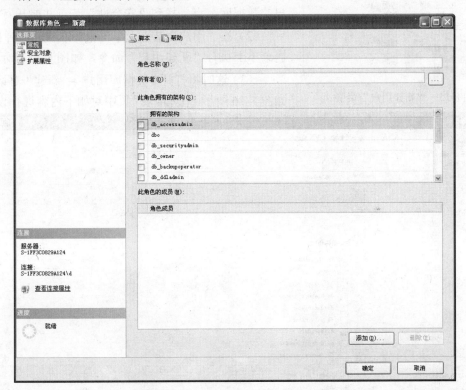

图 8-14　"数据库角色 – 新建"对话框

- 角色名称：输入要创建的数据库角色名称。
- 所有者：输入该数据库角色的所有者，也可以通过右边的按钮打开对话框进行选择。
- 在"此角色拥有的架构"列表中，选择此角色拥有的架构。
- "添加"按钮可以向该数据库角色中添加成员，添加的成员将自动获得该数据库角色的权限。
- "删除"按钮可以从该数据库角色中删除成员。

如果有必要，可以对"安全对象"和"扩展属性"页中的相关选项进行设置。

（4）单击"确定"按钮，即可创建新的数据库角色。

8.3.2 用户管理

用户是数据库级别的安全主体，用于管理谁有权限使用某个数据库中的资源。数据库中的所有用户都存储在每个数据库的 Sysusers 表中。在创建登录账号时，如果在"用户映射"页（参见 8.2.3 节）中指定将登录账号映射到某个数据库中的用户，则系统会自动在相应的数据库中创建用户。另外，也可以通过以下两种方法创建用户。

图 8-15　"新建用户"菜单

1.利用对象资源管理器创建数据库用户

在对象资源管理器中创建数据库用户的步骤为：

（1）打开对象资源管理器，展开需要创建数据库用户的数据库节点，找到"安全性"节点并展开。

（2）在"用户"节点上单击鼠标右键，在弹出的快捷菜单上执行"新建用户"命令，如图 8-15 所示。

（3）这时将打开"数据库用户 – 新建"对话框，如图 8-16 所示。在"常规"页中对如下内容进行设置。

图 8-16　"数据库用户 – 新建"对话框

- 用户名：输入要创建的数据库用户名。
- 登录名：输入与该数据库用户对应的登录账号，也可以通过右边的按钮进行选择。
- 证书名称：输入与该数据库用户对应的证书名称。
- 密钥名称：输入与该数据库用户对应的密钥名称。
- 无登录名：指定不应将该数据库用户映射到现有登录名，可以作为 guest 连接到数据库。
- 默认架构：输入或选择该数据库用户所属的架构。
- 在"此用户拥有的架构"列表中可以查看和设置该用户拥有的架构。
- 在"数据库角色成员身份"列表中，可以将该数据库用户选择数据库角色。

（4）如果需要，可以对"安全对象"和"扩展属性"中的选项进行设置。

（5）单击"确定"按钮，即可创建数据库用户。

2. 利用 Create User 语句创建数据库用户

创建数据库用户的 Create User 语句的语法格式为：

```
Create User user_name
[ { { For | From }
{
    Login login_name
    | Certificate cert_name
    | Asymmetric Key asym_key_name
  }
  | Without Login
]
```

说明：

- user_name：要创建的数据库用户名。
- For Login login_name：指定要创建数据库用户的登录名。login_name 必须是服务器中有效的登录名。
- For Certificate cert_name：指定要创建数据库用户的证书。
- For Asymmetric Key asym_key_name：指定要创建数据库用户的非对称密钥。
- Without Login：指定不应将用户映射到现有登录名。

例 8-5　创建数据库用户。

```
Create User test_user For Login test_login
```

8.4　权限管理

权限管理指控制用户对数据库对象操作的权限，主要包括授予、拒绝和撤销等行为。

8.4.1 权限类型

根据要操作的对象不同，权限的类型也不相同，主要有以下几种类型：

● 如果对象为数据库，相应的权限主要有：创建操作（Create Database、Create Table、Create View、Create Function、Create Procedure、Create Trigger 等）、修改操作（Alter Database、Alter Table、Alter View、 Alter Function、Alter Procedure、Alter Trigger 等）、备份操作（Backup Database、Backup Log）、Connect、Control 等。

● 如果对象为表和视图，则相应的权限主要有：插入数据（Insert）、更新数据（Update）、删除数据（Delete）、查询（Select）和引用（References）等。

● 如果对象为存储过程，则权限的类型主要有：执行（Execute）、控制（Control）和查看定义等。

● 如果对象为标量函数，则主要的权限有：执行（Execute）、引用（References）、控制（Control）等。

● 如果对象为表值函数，则相应的权限主要有：插入数据（Insert）、更新数据（Update）、删除数据（Delete）、查询（Select）和引用（Reference）等。

8.4.2 设置权限

可以直接对数据库角色或用户进行对象操作权限的设置，下面将以对数据库用户设置权限为例进行说明，数据库角色的权限分配过程类似。

（1）打开对象资源管理器展开需要设置权限的数据库节点，找到"安全性"节点并展开。

（2）展开"用户"节点，在需要分配权限的数据库用户上单击鼠标右键，在弹出的快捷菜单上单击"属性"命令，将打开"数据库用户"属性对话框，选择"安全对象"页，如图8-17所示。

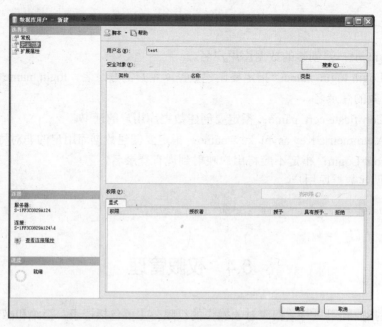

图 8-17　"安全对象"页

（3）单击右边的"搜索"按钮，将需要分配给该用户操作权限的对象添加到"安全对象"列表中，如图 8-18 所示。

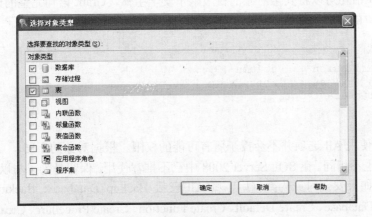

图 8-18　选择安全对象

（4）在"安全对象"列表中，选中要分配权限的对象，则下面的"…权限"列表中将列出该对象的操作权限，根据需要将设置相应权限，如图 8-19 所示。

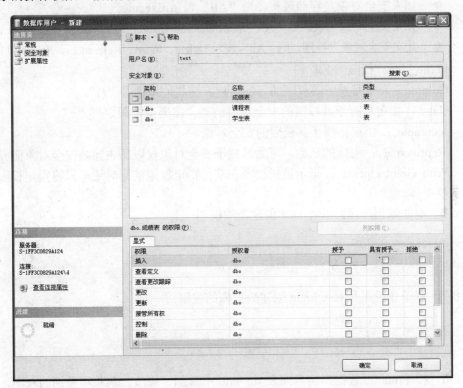

图 8-19　分配权限

8.4.3　DCL 语句

与权限管理有关的 DCL 语句主要有 Grant、Revoke 和 Deny。

1. Grant 语句

使用 Grant 语句可以将安全对象的权限赋予安全主体，Grant 语句完整的语法非常复杂，这里只给出简单的常用语法格式：

```
Grant { All [ Privileges] }
    | permission [ ( column [ ,...n ] ) ] [ ,...n ]
    [ On [ class :: ] securable ] To principal [ ,...n ]
    [ With Grant Option ]
```

说明：

- All：使用 All 选项并不会授予所有可能的权限。根据对象的不同，All 参数表示的权限也不相同。在 SQL Server 2008 中已不推荐使用，保留是为了与以前的系统兼容。
    - ◆ 如果安全对象为数据库，则"All"表示 Backup Database、Backup Log、Create Database、Create Default、Create Function、Create Procedure、Create Rule、Create Table 和 Create View。
    - ◆ 如果安全对象为标量函数，则"All"表示 Execute 和 References。
    - ◆ 如果安全对象为表值函数，则"All"表示 Delete、Insert、References、Select 和 Update。
    - ◆ 如果安全对象是存储过程，则"All"表示 Execute。
    - ◆ 如果安全对象为表，则"All"表示 Delete、Insert、References、Select 和 Update。
    - ◆ 如果安全对象为视图，则"All"表示 Delete、Insert、References、Select 和 Update。
- Permission：权限的名称。
- Column：表中将授予其权限的列的名称。需要使用括号"()"。
- class：指定将授予其权限的安全对象的类。需要范围限定符"::"。
- securable：指定将授予其权限的安全对象。
- To principal：主体的名称。可为其授予安全对象权限的主体随安全对象而异。
- With Grant Option：指示被授权者在获得指定权限的同时还可以将指定权限授予其他主体。

例 8-6 赋予数据库用户 test_user 创建表的权利。

```
Use student
Grant Create Table to test_user
```

例 8-7 授予登录账号 test_login 创建数据库的权限。

```
use master
Grant Create database to test_login
```

例 8-8 授予 public 数据库角色向表 stu_info 中添加、修改、删除和查询的权限，并且授予执行存储过程 Query_Grade 的权限。

使用的语句如下。

```
use student
Grant insert,update,delete,select on stu_info to public
Grant execute on Query_Grade to public
```

2. Revoke 语句

利用 Revoke 可以撤销以前授予或拒绝了的权限，与 Grant 语句一样，完整的 Revoke 语句的语法非常复杂。这里只给出常用的 Revoke 语句的格式。

使用的语句如下。

```
Revoke [ Grant Option  For ]
{
  [ All [ Privileges ] ]
  | permission [ (.column [ ,...n ] ) ] [ ,...n ]
}
[ On [ class :: ] securable ]
{ To | From } principal [ ,...n ]
[ Cascade]
```

说明：

- Grant Option   For：指示将撤销授予指定权限的能力。在使用 Cascade 参数时，需要使用此选项。
- Cascade：指示当前正在撤销的权限也将从其他被该主体授权的主体中撤销。使用 Cascade 参数时，还必须同时指定 Grant Option For 参数。
- 其余参数的含义与 Grant 语句相同。

例 8-9　撤销数据库用户 test_user 创建表的权限。

使用的语句如下。

```
Use student
Revoke Create Table From test_user
```

例 8-10　撤销 public 数据库角色执行存储过程 Query_Grade 的权限。

使用的语句如下。

```
Use student
Revoke execute on Query_Grade From public
```

3. Deny 语句

使用 Deny 语句可以拒绝授予主体权限，并且可以防止主体通过其组或角色成员身份继承权限。具体的语法格式为：

```
Deny { All [ Privileges] }
    | permission [ ( column [ ,...n ] ) ] [ ,...n ]
    [ On [ class :: ] securable ] To principal [ ,...n ]
    [ Cascade]
```

语句中各参数的含义和 Grant 语句中的参数含义相同，这里就不再赘述。

例 8-11　拒绝数据库用户 test_user 创建表的权限。

使用的语句如下。

```
Use student
Deny Create Table To test_user
```

本章小结

数据库安全是数据库管理中一个十分重要的方面，本章重点介绍在 Microsoft SQL Server 2008 中进行安全管理的方法。通过本章的学习，读者应该掌握以下内容：

- 数据库安全层次
- 服务器角色和数据库角色的概念
- 登录账号的创建和管理
- 数据库用户的创建和管理
- 数据库对象权限的控制

习题 8

1．Microsoft SQL Server 2008 提供了几种身份验证模式？分别是什么？如何设置身份验证模式？

2．Microsoft SQL Server 2008 有几种服务器角色？分别是什么？

3．Microsoft SQL Server 2008 有几种固定的数据库角色？分别是什么？

4．练习登录账号、数据库用户的创建方法。

5．练习数据库对象权限的分配和管理方法。

实训 8　数据库安全性管理

实验目的：掌握 SQL Server 2008 中有关登录账号、用户账号、角色和权限的管理方法。

操作步骤：

1．设置 SQL Server 2008 数据库服务器使用 SQL Server 和 Windows 混合认证模式。

2．创建登录账号，要求账号名为"teacher"，自行设置密码，并用账号"teacher"登录，测试其是否能访问数据库 student。

3．创建登录账号"teacher"在数据库 student 中对应的用户账号"teacher"，并用账号"teacher"进行登录，测试其是否能对数据库 student 中的表进行操作。

4．授予用户"teacher"对学生表和成绩表的查询和插入数据的权限。用账号"teacher"登录，测试其能否对数据库 student 对象进行操作。

5．创建两个登录账号 stu1 和 stu2，并创建它们在 student 数据库中对应的用户账号。创建自定义数据库角色 stu，并把用户 stu1 和 stu2 添加到角色中。

6．授予角色 stu 在学生表和成绩表查询数据的权限，分别用账号"stu1"和"stu2"登录，测试其能否对学生表和成绩表进行数据查询和修改。

第 9 章

数据库的完整性

本章要点

➢ 掌握数据完整性的相关知识
➢ 理解事务的概念及分类
➢ 了解锁
➢ 掌握错误处理机制
➢ 了解数据库的并发控制

9.1 保证数据库完整性——事务

9.1.1 数据库完整性的概念

数据库应用程序开发中的一个重要步骤就是设计和实施数据的完整性，并确定实施数据完整性的最佳方案。

数据库完整性是指数据库中数据的正确性、有效性和相容性，防止错误数据进入数据库。数据的正确性是指数据的合法性，例如数值性数据中只能含有数值而不能含有字母；数据的有效性是指数据是否属于所定义的有效取值范围，例如成绩应在 0~100；数据的相容性是指表示同一事实的两个数据应一致。在使用 INSERT、UPDATE 和 DELETE 命令编辑数据库中的数据时，数据的完整性可能会遭到破坏，例如插入一个并不存在的学生的成绩，或将学生所在班级改为一个并不存在的班级等。

为维护数据的完整性，DBMS 必须提供某种机制来检查数据库中的数据，判断其是否满足语义规定的条件。在数据库数据之上的这些语义约束条件称为数据库完整性约束条件，有时也称为完整性规则，它们作为模式的一部分存在于数据库中。通过定义数据库完整性规则，SQL Server 2008 可以有效地管理数据的输入，而不必使用额外的应用程序来协助管理，一方面可以节省系统开销；另一方面将使数据库中的数据独立于特定的应用程序，是创建开放式数据库系统成为可能。

SQL Server 2008 数据完整性包括实体完整性、域完整性、参照完整性和用户自定义完整性。

（1）实体完整性

实体完整性把表中的每一条记录看做一个实体，要求所有记录都有唯一的表识，即主键。

表中的 PRIMARY KEY、IDENTITY 和 UNIQUE 约束就是实体完整性的体现。

（2）域完整性

域完整性是指表中的列必须满足某种特定的数据类型或约束，其中约束又包含取值范围、精度等方面的规定。表中的 DEFAULT、NOT NULL、CHECK 和 FOREIGN KEY 约束都属于域完整性的范畴。

（3）参照完整性

参照完整性是指两个表的主键和外键数据应一致，确保外键的行在主键表中存在，即保证表之间的数据一致性，防止数据丢失或无意义的数据在数据库中肆意扩散。

参照完整性建立在外键和主键之间的关系上，可以通过表中定义的 FOREIGN KEY 和 CHECK 约束来实现。

在 SQL Server 2008 中，参照完整性的作用表现在如下几个方面：

① 禁止在外键列中插入主键列中并不存在的值。

② 禁止修改将会导致外键列孤立的主键列的值。

③ 禁止删除外键列值所对应的主键表中的记录。

（4）用户自定义完整性

用户自定义完整性是针对某个特定关系数据库的约束条件，它反映某一具体应用涉及的数据所必须满足的语义要求。SQL Server 2000 提供定义和检验用户自定义完整性的机制，以便采用统一的系统方法来处理它们而不是由程序来承担这一功能。

除此之外，SQL Server 2000 还提供了事务、锁和错误捕获等机制来保证数据库的完整性。

9.1.2　事务的概念

1. 事务

事务是一种机制，是一个操作序列，它包含一组数据库操作命令，所有的命令作为一个整体向系统提交或撤销操作请求。从用户的观点来看，这些操作构成一个整体，不可分割，要么所有的操作都顺利完成，要么一个操作也不执行，决不能只完成部分操作而留有另一些操作未完成。例如在学生信息管理系统中，如果一个学生的学号改变了，则需要对数据库中学生表和成绩表同时进行学号的修改，这两个操作要么都执行，要么都不执行。如果学生表中的学号改变了，修改成绩表中的学号时发生了错误，那么对学生表的修改也应该撤销，否则就会造成数据的不一致，从而造成该学生成绩信息的丢失。

事务由 DBMS 中的事务管理子系统负责处理，一个事务可以是一条 Transact-SQL 语句或一组 Transact-SQL 语句。

2. 事务的属性

在 SQL Server 中，事务作为单个逻辑工作单元来执行一系列操作，具有 4 个特点（ACID 属性）：原子性、一致性、隔离性和持久性。

● 原子性：事务必须是原子工作单元，事务中的操作要么全都执行，要么全都不执行。

● 一致性：事务在完成时，必须使所有的数据都保持一致状态。在相关数据库中，所有规则都必须应用于事务的修改，以保持所有数据的完整性。事务结束时，所有的内部数据都必须是正确的。

- 隔离性：由并发事务所做的修改必须与任何其他并发事务所做的修改隔离。事务操作数据时数据的状态，要么是另一个并发事务修改它之前的状态，要么是另一个事务修改它之后的状态，事务不会处理中间状态的数据。
- 持久性：事务完成之后，它对于系统的影响是永久性的。

9.1.3　事务的分类

SQL Server 中的事务分为自动提交事务、显式事务和隐式事务，下面分别介绍这三类常见的事务。

1. 自动提交事务

自动提交模式是 SQL Server 数据库引擎的默认事务管理模式。每个 Transact-SQL 语句在完成时，都被提交或回滚。如果一个语句成功地完成，则提交该语句；如果遇到错误，则回滚该语句。只要没有显式事务或隐性事务覆盖自动提交模式，与数据库引擎实例的连接就以此默认模式操作。在与 SQL Server 连接之后，直接进入自动事务模式，直到使用 Begin Transaction 语句启动一个显式事务，或执行 Set IMPLICIT_TRANSACTIONS On 语句将隐式事务模式开启为止。

当提交或回滚显式事务，或执行 Set IMPLICIT_TRANSACTIONS Off 语句关闭隐性事务模式时，连接又返回到自动提交模式。

2. 显式事务

显式事务是指由用户通过 Transact-SQL 事务语句定义的事务。常用的 Transact-SQL 事务语句有：

- Begin Transaction 语句：标记一个本地事务的开始。
- Commit Transaction 语句：标记一个显式事务或隐式事务的结束，表明事务已经成功执行，并将事务内所做的全部修改保存到数据库中。
- Rollback Transaction：回滚显式事务或隐式事务到事务的起点或事务内部的保存点。
- Save Transaction 语句：在事务内部设置保存点，这个保存点是在取消事务的某一部分后，该事务可以返回的一个位置。

（1）Begin Transaction

Begin Transaction 语句定义一个本地显式事务的起点，并将全局变量 @@TranCount 的值加 1，具体的语法格式如下：

```
Begin Tran | Transaction [ transaction_name | @tran_name_variable]
```

说明：

- transaction_name：事务的名称。transaction_name 必须符合标识符规则，但标识符所包含的字符数不能大于 32。在一系列嵌套的事务中，用一个事务名或多个事务名对该事务并没有什么影响，系统仅登记第一个（最外层）事务名。
- @tran_name_variable：由用户定义的、含有有效事务名称的变量的名称。必须用 char、varchar、nchar 或 nvarchar 数据类型声明变量。如果传递给该变量的字符多于 32 个，则仅使用前面的 32 个字符，其余的字符将被截断。

Begin Transaction 定义事务的开始点，由连接引用的数据在该点逻辑和物理上都一致的。如果遇上错误，在 Begin Transaction 之后的所有数据改动都能进行回滚，以将数据返回到已知的一致状态。每个事务继续执行直到它无误地完成并且用 Commit Transaction 对数据库作永久的改动，或者遇上错误并且用 Rollback Transaction 语句撤销所有改动。

Begin Transaction 为发出本语句的连接启动一个本地事务。根据当前事务隔离级别的设置，为支持该连接所发出的 Transact-SQL 语句而获取的许多资源被该事务锁定，直到使用 Commit Transaction 或 Rollback Transaction 语句完成该事务为止。

（2）Commit Transaction

Commit Transaction 语句标志一个事务成功执行的结束。如果全局变量@@TranCount 的值为 1，则 Commit Transaction 将提交从事务开始以来所执行的所有数据修改，释放事务处理所占用的资源，并使@@TranCount 的值为 0。如果@@TranCount 的值大于 1，则 Commit Transaction 命令将使@@TranCount 的值减 1，并且事务将保持活动状态。具体的语法为：

```
Commit Tran | Transaction [ transaction_name | @tran_name_variable ]
```

说明：

- transaction_name：transaction_name 指定由前面的 Begin Transaction 分配的事务名称。transaction_name 必须符合标识符规则，但不能超过 32 个字符。transaction_name 通过向程序员指明 Commit Transaction 与哪些 Begin Transaction 相关联，可作为帮助阅读的一种方法。
- @tran_name_variable：由用户定义的、含有有效事务名称的变量的名称。必须用 char、varchar、nchar 或 nvarchar 数据类型声明变量。如果传递给该变量的字符多于 32 个，则仅使用前面的 32 个字符；其余的字符将被截断。
- 当在嵌套事务中使用时，内部事务的提交并不释放资源或使其修改成为永久修改。只有在提交了外部事务时，数据修改才具有永久性，而且资源才会被释放。当 @@TranCount 大于1时，每发出一个 Commit Transaction 命令只会使 @@TranCount 按 1 递减。当 @@TRANCOUNT 最终递减为 0 时，将提交整个外部事务。
- 当@@TranCount 为 0 时发出 Commit Transaction 将会导致出现错误，因为没有相应的 Begin Transaction。

（3）Rollback Transaction

Rollback Transaction 语句回滚显式事务或隐式事务到事务的起始位置，或事务内部的保存点，同时释放由事务控制的资源。

```
Rollback    Tran | Transaction [ transaction_name | @tran_name_variable
savepoint_name | @savepoint_variable ]
```

说明：

- transaction_name：transaction_name 和 @tran_name_variable 的含义和 Begin Transaction 语句中的含义相同。
- savepoint_name：Save Transaction 语句定义的保存点的名称。savepoint_name 必须符合标识符规则。当回滚只影响事务的一部分时，可使用 savepoint_name。
- @savepoint_variable：是用户定义的、包含有效保存点名称的变量的名称。必须用 char、varchar、nchar 或 nvarchar 数据类型声明变量。

- 不能在发出 Commit Transaction 命令之后回滚事务，因为数据修改已经成为了数据库的一个永久部分。

（4）Save Transaction

Save Transaction 语句在事务内设置一个保存点，当事务执行到该保存点时，SQL Server 存储所有被修改的数据到数据库中，具体的语法格式为：

```
Save Tran | Transaction savepoint_name | @savepoint_variable
```

说明：

- savepoint_name：定义的保存点的名称。savepoint_name 必须符合标识符规则。
- @savepoint_variable：是用户定义的、包含有效保存点名称的变量的名称。必须用 char、varchar、nchar 或 nvarchar 数据类型声明变量。
- 用户可以在事务内设置保存点或标记。保存点可以定义在按条件取消某个事务的一部分后，该事务可以返回的一个位置。如果将事务回滚到保存点，则根据需要必须完成其他剩余的 Transact-SQL 语句和 Commit Transaction 语句，或者必须通过将事务回滚到起始点完全取消事务。
- 在事务中允许有重复的保存点名称，但指定保存点名称的 Rollback Transaction 语句只将事务回滚到使用该名称的最近的 Save Transaction。

例 9-1　定义一事务 charu（未提交）并将"学生表"中学号是"000001"的学生"系别"改成"财经系"。

使用的语句如下。

```
BEGIN TRANSACTION charu
GO
UPDATE 学生表
SET 系别 = '财经系'
WHERE 学号= '000001'
GO
```

在查询编辑器中输入以上代码并执行，运行结果如图 9-1 所示。

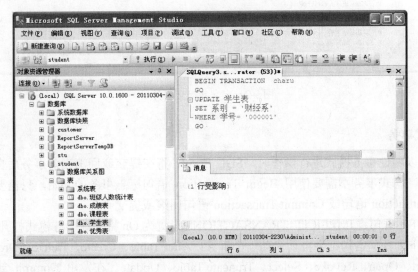

图 9-1　定义事务（未提交）

在未使用 COMMIT TRANSACTION 语句显式的提交事务之前，可以使用 ROLLBACK TRANSACTION 语句回滚事务，在刚才的代码下面再输入以下代码并执行，可以回滚事务。

```
ROLLBACK TRANSACTION charu
```

但是一旦使用 COMMIT TRANSACTION 将事务提交出去以后，就不能再用 ROLLBACK 语句回滚事务了，如果在查询编辑器中运行以下语句并执行，如图 9-2 所示。在事务提交后就无法再进行回滚了。

```
BEGIN TRANSACTION  charu
GO
UPDATE 学生表
SET 系别 = '财经系'
WHERE 学号= '000001'
GO
COMMIT TRANSACTION charu
GO
```

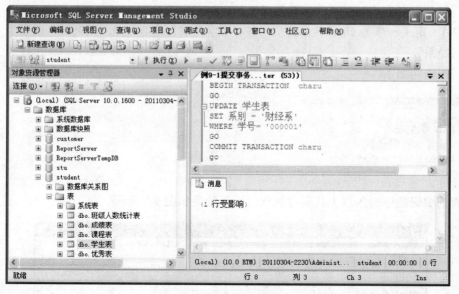

图 9-2 定义并提交事务

3. 隐式事务

当连接以隐性事务模式进行操作时，SQL Server 将在提交或回滚当前事务后自动启动新事务。因此，隐式事务不需要使用 Begin Transaction 语句标志事务的开始，只需要用户使用 Rollback Transaction 语句或 Commit Transaction 语句回滚或提交事务。

当使用 Set 语句将 IMPLICIT_TRANSACTIONS 设置为 On 将隐性事务模式打开之后，SQL Server 执行下列任何语句都会自动启动一个事务：Alter Table、Create、Delete、Drop、Fetch、Grant、Insert、Open、Revoke、Select、Truncate Table、Update。在发出 Commit 或 Rollback 语句之前，该事务将一直保持有效。在第一个事务被提交或回滚之后，下次当连接执行以上任何语句时，数据库引擎实例都将自动启动一个新事务。该实例将不断地生成隐式事务链，直到隐式事务模式关闭为止。

注意：隐式事务必须提交或回滚，否则将导致事务无限期运行。

4. 分布式事务

SQL Server 可以通过网络实现跨服务器的数据操作，这种事务称为分布式事务。分布式事务具有非常强大的功能。但必须通过网络来传送数据，因此出错的几率也就大大增加。为了解决这个问题，分布式事务的处理分成两个阶段：准备阶段同和提交阶段，即所谓的两阶段提交。

（1）准备阶段

分布式事物管理器接收提交请求，并向参加该事务的所有数据库服务器发出准备命令。各个服务器接到此命令后，立即开始做接收该事务的准备工作。准备工作完成后，通知分布式事务管理器。

（2）提交阶段

分布式事务管理器接收到所有服务器准备就绪的信号后，向各个服务器发出提交命令，然后各服务器进行事务的提交。在这个过程中，如果某个服务器的提交出错，则事务管理器将命令所有的服务器进行事务回滚。

通常，分布式事务的处理过程可以分为如下几步：

① 使用 BEGIN DISTRIBUTED TRANSACTION 语句启动一个分布式事务。此时，该服务器成为本事务的事务管理器。

② 应用程序执行分布式查询或远程服务器上的存储过程。

③ 事务管理器调用 MS DTC，通知远程服务器开始参与该分布式事务。

④ 用程序执行提交事务或回滚事务语句，结束事务。此时，事务管理器将调用 MS DTC 来管理两阶段提交过程，本服务器和远程服务器提交或回滚事务。

9.2 维护数据的一致性——锁

锁（Lock）是在多用户环境下对资源访问的一种限制机制。当对一个数据源加锁后，些数据源就有了一定的访问限制，称对此数据源进行"锁定"。锁定有助于防止并发问题的发生。当一个用户试图读取另一个用户正在修改的数据，或者修改另一个用户正在读取的数据时，或者尝试修改另一个事务正在尝试修改的数据时，就会出现并发问题。

锁定是一个关系型数据库系统的常规和必要的一部分，它防止对相同数据作并发更新 或在更新过程中查看数据， 从而保证被更新数据的完整性。它也能防止用户读取正在被修改的数据。

9.2.1 锁的分类

SQL Server 资源会被锁定，资源的锁定方式称为它的锁定模式（Lock Mode）。如表 9-1 所示，列出 SQL Server 处理的主要锁定模式。

表 9-1　锁定模式

名　　称	描　　述
共享（S）	用于不更改或不更新数据的读取操作，如 SELECT 语句
更新（U）	用于可更新的资源中。防止当多个会话在读取、锁定以及随后可能进行的资源更新时发生常见形式的死锁
排他（X）	用于数据修改操作，例如 INSERT、UPDATE 或 DELETE。确保不会同时对同一资源进行多重更新
意向	用于建立锁的层次结构。意向锁包含三种类型：意向共享（IS）、意向排他（IX）和意向排他共享（SIX）
架构	在执行依赖于表架构的操作时使用。架构锁包含两种类型：架构修改（Sch-M）和架构稳定性（Sch-S）
大容量更新（BU）	在向表进行大容量数据复制且指定了 TABLOCK 提示时使用
键范围	当使用可序列化事务隔离级别时保护查询读取的行的范围。　确保再次运行查询时其他事务无法插入符合可序列化事务的查询的行

1. 数据库系统的角度

从数据库系统的角度来看：锁分为三种类型：排他锁（独占锁），共享锁和更新锁。

（1）排他锁

排他锁（Exclusive Lock）锁定的资源只允许执行锁定操作的程序使用，其他任何操作均不会被接受。在执行 INSERT、UPDATE 或 DELETE 命令时，SQL Server 2008 会自动使用排他锁确保不会同时对同一资源进行多重更新，等修改完毕后，释放排他锁。

（2）共享锁

共享锁（Shared Lock）锁定的资源可以被其他用户读取，但不能修改。资源上存在共享锁时，任何其他事务都不能修改数据。一旦已经读取数据，便立即释放资源上的共享锁，除非将事务隔离级别设置为可重复读或更高级别，或者在事务生存周期内用锁定提示保留共享锁。

（3）更新锁

更新锁（Update Lock）可以防止通常形式的死锁。一般更新模式由一个事务组成，此事务读取记录，获取资源（页或行）的共享锁，然后修改行，此操作要求锁转换为排他锁。如果两个事务获得了资源上的共享模式锁，然后试图同时更新数据，则一个事务尝试将锁转换为排他锁。共享模式到排他锁的转换必须等待一段时间，因为一个事务的排他锁与其他事务的共享模式锁不兼容；发生锁等待。第二个事务试图获取排他锁以进行更新。由于两个事务都要转换为排他锁，并且每个事务都等待另一个事务释放共享模式锁，因此发生死锁。若要避免这种潜在的死锁问题，请使用更新锁。一次只有一个事务可以获得资源的更新锁。如果事务修改资源，则更新锁转换为排他锁。否则，锁转换为共享锁。

2. 程序员角度

从程序员的角度看：分为乐观锁和悲观锁。

（1）乐观锁

乐观锁（Optimistic Lock）假定在处理数据时，不需要在应用程序代码中做任何事情就可以直接在记录上加锁，即完全依靠数据库来管理锁的工作。

（2）悲观锁

悲观锁（Pessimistic Lock）需要程序员直接对数据进行加锁管理，并负责读取、共享和放弃正在使用的数据上的任何锁。

9.2.2 锁的粒度

锁粒度是被封锁目标的大小。可以锁定 SQL Server 中的各种对象，既可以是一个行，也可以是一个表或数据库。可以锁定的资源在粒度（Granularity）上差异很大。从细（行）到粗（数据库）。细粒度锁允许更大的数据库并发，因为用户能对某些未锁定的行执行查询。然而，每个由 SQL Server 产生的锁都需要内存，所以数以千计独立的行级别的锁也会影响 SQL Server 的性能。封锁粒度小则并发性高，但开销大；封锁粒度大则并发性低，但开销小。SQL Server 支持的锁粒度可以分为行、页、键、键范围、索引、表或数据库获取锁。如表 9-2 所示介绍 SQL Server 可以锁定的资源。

表 9-2 锁的粒度

资　　源	说　　明
KEY	索引中用于保护可序列化事务中的键范围的行锁
PAGE	数据库中的 8 KB 页，例如数据页或索引页
EXTENT	一组连续的 8 页，例如数据页或索引页。
HoBT	堆或 B 树。用于保护没有聚集索引的表中的 B 树（索引）或堆数据页的锁
TABLE	包括所有数据和索引的整个表
FILE	数据库文件
RID	用于锁定堆中的单个行的行标识符
APPLICATION	应用程序专用的资源
METADATA	元数据锁
ALLOCATION_UNIT	分配单元
DATABASE	整个数据库

1. 数据行

用于单独锁定表中的一行。

2. 键

键索引中的行锁。用于保护可串行事务中的键范围。

3. 页面

锁定一个 8 千字节（KB）的数据页或索引页。

4. 扩展盘区

锁定相邻的 8 个数据页或索引页构成的一组，即锁定区域。

5. 表

包括所有数据和索引在内的整个表。

6. 数据库

锁定整个数据库。

在 SQL Server 2008 中，数据库的一般性能得到了改进。借助 SQL Server 2008 中的几种新功能，您现在不但可以控制和监视数据库的性能，还可以控制和监视那些依靠这些数据库来执行的应用程序的性能。

如果每秒要执行大量的事务处理，则在事务处理期间通常会发生的锁定现象将对数据库应用程序的性能造成负面影响。SQL Server 的设计旨在通过将锁从较小的行级和页级锁升级到较大的表级锁，来减少某个进程持有的锁总数。但是这种锁升级可能会导致问题。例如，一个单独的事务处理可能会锁定整个表，致使其他事务处理无法使用该表。

SQL Server 2008 采用了表分区机制（在 SQL Server 2005 中就已引入），允许 SQL Server 引擎在将锁升级到表级之前先升级到分区级。这种中间级别的锁定可显著降低锁升级对每秒处理成百上千个事务的系统的影响。

在处理查询与已分区表的交互操作时，SQL Server 2008 提供了多种新的查询处理器改进功能。查询优化器现在可以针对分区执行查询搜索，就像针对单独的索引执行一样，因为它仅使用分区 ID，而不是表级的分区机制。

9.2.3　使用注意事项

使用锁的注意事项如下：
（1）遵守事务指导原则。
（2）对应用程序进行强度测试。强度测试是指在大量用户执行相同的操作时，执行操作的用户数量应为应用程序可能有的最多用户数。
（3）允许用户终止长时间运行的查询。
（4）在查询期间禁止用户输入数据以缩短查询的运行时间。
（5）当一个查询在运行时，它将在资源上保持某种类型的一个锁。

9.3　处理错误——@@ERROR

在 SQL Server 中，存储过程、用户自定义函数和触发器提供了执行 Transact-SQL 批处理语句的能力。由于不能保证批处理语句中的每条 Transact-SQL 语句都能正确执行，用户或者应用程序在访问数据库时，就可能会出现使用违背数据库要求的访问方式，即非正常的数据访问或者操作，这时可能导致发生意外。例如，用户在数据表中插入一行非法数据，破坏了数据库的一致性和完整性。因此，必要的错误处理就显得非常重要。

9.3.1　错误处理概述

SQL Server 2008 具有完备的错误处理功能，能够完成如下任务。
（1）判断是否发生错误。
（2）通知用户已发生了错误。
（3）决定错误处理操作的过程。
（4）恢复或放弃修改。
例 9-2　在成绩表中插入学生的成绩信息，学号为 1111，课程编号为 001。
输入以下语句并执行，如图 9-3 所示。

使用的语句如下。

```
INSERT INTO 成绩表
VALUES('1111','001',78)
```

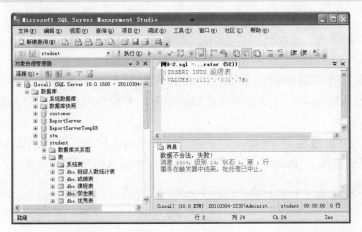

图 9-3　错误处理

分析：在执行 INSERT 操作的过程中，由于学生表中不存在学号为"1111"的学生，和在第 6 章例 6-13 中创建的触发器冲突，出现错误提示信息，终止该语句执行。

SQL Server 2008 中内置一个错误对象，具有一些可访问的属性，用来指示错误的发生以及相关信息，包括如下一些信息。

（1）错误号

错误号代表错误的类型，每个错误类型都对应唯一的错误号，同时作为@@ERROR 的返回值。如例 9-2 中的错误号为 3609。

（2）错误描述

错误描述提供了有关错误原因的诊断信息，每个错误号都对应于唯一的错误提示信息。如例 9-2 中的错误描述为"事务在触发器中结束。批处理已中止。"

（3）严重度

严重度表示错误的严重程度。严重度较低（<=2）的错误时信息性错误或低级警告，严重度较高的错误将阻止任务的执行。如例 9-2 中错误的严重度为 16。

（4）状态代码

当多个地方发生同一种错误时，每次发生错误即向错误提示信息赋予唯一的状态代码。如例 9-2 中的状态代码为 1。

（5）行号

行号指示发生错误的语句行号。如例 9-2 中的发生错误的行号为 1。

9.3.2　错误的处理

SQL Server 2008 中，可以通过检查@@ERROR 的值来确定是否已经发生错误。@@ERROR 的值是一个整数，如果 Transact-SQL 语句执行成功，则@@ERROR 返回 0；如果 Transact-SQL 语句有错误则返回错误号。可采用如下两种方法来处理错误。

（1）在 Transact-SQL 语句执行后，检测@@ERROR。

（2）在 Transact-SQL 语句执行后，将@@ERROR 存储到整型变量中，供以后使用。

使用@@ERROR 检查并处理错误语句的基本语法格式如下：

```
IF @@ERROR<>0
BEGIN
   <错误处理部分>
END
```

例如，在更新表中数据时，可以把更新操作封装在一个事务内，并且在事务中使用@@ERROR 来发现错误。一旦发现错误就回滚事务，并通知用户发生了错误。这样有助于构造稳定的应用系统。

例 9-3 编写存储过程 cj_insert，用于向成绩表中插入记录，并判断插入操作是否成功。

（1）创建存储过程 cj_insert，在查询编辑器窗口中输入以下语句并执行，如图 9-4 所示。

```
CREATE PROCEDURE cj_insert @sno CHAR(10),@cno CHAR(4),@score SMALLINT
   AS
   BEGIN TRANSACTION
   INSERT INTO 成绩表 VALUES(@sno,@cno,@score)
   IF @@ERROR=0
     BEGIN
       COMMIT TRANSACTION
       PRINT '插入信息成功'
     END
   ELSE
     BEGIN
       ROLLBACK TRANSACTION
       PRINT '插入信息失败'
     END
   GO
```

图 9-4　创建存储过程

（2）插入成功实例，在查询编辑器窗口中输入以下语句并执行，如图 9-5 所示。

```
EXEC cj_insert '000001','011',83
```

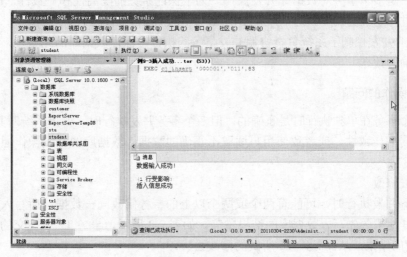

图 9-5 插入成功

（3）插入失败实例，在查询编辑器窗口中再次插入相同的记录，因为违反了主键约束，所以导致插入不成功，如图 9-6 所示。

图 9-6 插入失败

9.4 数据库原理（六）——数据库并发控制

9.4.1 事务的并发控制

1. 并发操作的概念

事务是并发控制的基本单位，为了充分利用有限的资源，发挥数据库的特点，DBMS 通常允许多个事务并发执行。确定事务的执行次序称为"调度"。如果多个事务依次执行，则称事务是串行高度的。如果利用分时的方法同时处理多个事务，而事务 ACID 特性遭到破坏的可能原因之一是多个事务对数据库并发操作。为了保证事务的隔离性和一致性，DBMS 需要对并发操作进行明确的调度。这些就是 DBMS 中并发控制的责任。

DBMS 的并发控制子系统负责协调并发事务的执行，保证数据库的完整性，同时避免用户得到不正确的数据。

2. 并发操作的问题

即使每个事务在单独执行时是正确的，但多个事务并发执行时，如果系统对其不加控制，仍会破坏数据的一致性，或者致使用户读取不正确的数据。数据库的并发操作通常会带来如下 3 个问题。

（1）丢失修改

多个事务并发执行时，可能有两个或两个以上的事务修改同一数据，后写入数据库的结果可能会将其他事务先写入数据库的结果覆盖。如表 9-3 所示，事务 T2 所提交的结果破坏了事务 T1 提交的结果，从而导致 T1 所做的修改丢失。

表 9-3　丢失修改

时间	T1	A 值	T2
ti		100	
t2	Read（A）		
t3			Read（A）
t4	A=A−30		
t5			A=A×2
t6	Write（A）	70	
t7		200	Write（A）

（2）读"脏"数据

当事务 T2 读取经事务 T1 修改后的数据进行计算时，如果事务 T1 未能成功提交结果，从而导致事务 T2 用于运算的数据是"脏"数据。如表 9-4 所示，事务 T2 读取 A 的值为 70，而事务 T1 未能成功提交结果，A 的值应为 100。

表 9-4　读"脏"数据

时间	T1	A 值	T2
ti	Read（A）	100	
t2	A=A−30		
t3	Write（A）	70	
t4			Read（A）
t5			A=A×2
t6		140	Write（A）
t7	Rollback	100	
t8		140	Commit

（3）不可重复读

不可重复读是指事务 T1 读取数据后，事务 T2 执行更新操作，使事务 T1 无法再现前一次读取的结果。具体来说，不可重复读包括以下 3 种情况。

① 事务 T1 读取某一数据后，事务 T2 对这一数据进行修改。当事务 T1 再次读取该数据时，得到与前一次不同的值。如表 9-5 所示，C 为 A 与 B 之和，第一次和第二次计算的结果不一致。

表 9-5　不可重复读

时间	T1	值			T2
		A	B	C	
ti	Read（A）	100	100		
t2	Read（B）				
t3	C=A+B	100	100	200	
t4					Read（A）
t5					A=A−10
t6		90	100	200	Write（A）
t7	Read（A）				
t8	Read（B）				
t9	C=A+B	90	100	190	

② 事务 T1 按照一定的条件从数据库中读取某些数据记录后，事务 T2 删除了其中的部分记录，当事务 T1 再次按照相同条件读取数据时，发现某些记录神秘地消失了。

③ 事务 T1 按照一定的条件从数据库中读取某些数据记录后，事务 T2 插入一些记录，当事务 T1 再次按照相同条件读取数据时，发现新增了一些记录。

后两种不可重复读也称为幻影现象。

产生上述 3 类数据不一致问题的主要原因是并发操作破坏了事务的隔离性。并发控制就是要用正确的方式调度并发操作，使一个事务的执行不受其他事务的干扰，从而避免造成数据的不一致性。

并发控制的主要技术是封锁。例如，在表中，事务 T1 要修改 A，若在读取 A 值前先锁住 A，其他事务就不能再读取和修改 A 的值了，直到事务 T1 写回 A 值后解除对 A 的封锁为止。这样，就不会丢失事务 T1 所做的修改。

封锁是实现并发控制的一项非常重要的技术。所谓封锁就是事务在对某个数据对象（如记录、表甚至是数据库）进行操作这间，先向系统发出请求，对其加锁。加锁后，事务根据加锁的类型对该数据对象拥有相应的控制权，直到事务释放锁之后，其他事务才能更新此数据对象。

9.4.2　封锁

所谓封锁就是事务对某个数据对象进行操作之前，先向系统发出请求，对其加锁，加锁后，事务对该数据对象拥有一定的控制权。确切的控制由封锁类型决定。基本封锁类型主要有两种：排他型封锁和共享型封锁。

1. 排他型封锁

在封锁技术中，最常用的是排他锁（Exclusive Lock），简称 X 封锁，又称写锁。

定义 9.1 如果事务 T 对某个数据对象 A 加任何类型的锁，则只允许事务 T 读取和修改数据对象 A，其他事务 T′ 都不能再对 A 加任何类型的锁，直到事务 T 解除 A 上的 X 封锁。

X 封锁保证了其他事务在 T 解除 A 上的 X 封锁之前不能再读取和修改 A。使用 X 封锁的规则称为"PX 协议"。

PX 协议的主要内容是：任何要更新数据对象 A 的事务必须先执行 Lock-X(A)操作，以对 A 进行 X 封锁。如果未获准 X 封锁，那么这个事务进入等待状态，直到获得 X 封锁，事务才能继续执行。

2. 共享型封锁

采用 X 封锁时只允许一个事务独享数据，为此引入共享锁（Share Lock），简称 S 封锁，又称读锁。

定义 9.2 如果事务 T 对某个数据对象 A 加上 S 封锁，则事务 T 可以读取 A 值但不能修改 A 值，其他事务 T′ 只能对数据对象 A 加 S 封锁，而不能加 X 封锁，直到事务 T 解除 A 上的 S 封锁。

S 封锁保证其他事务可以读取 A 值，但在事务 T 解除 A 上的 S 封锁之前不能对 A 作任何修改。使用 S 封锁的规则称为"PS 协议"。

PS 协议的主要内容是：任何要更新数据对象 A 的事务必须先执行 Lock-S(A)操作，以对 A 进行 S 封锁。如果未获准 S 封锁，那么这个事务进入等待状态，直到获准 S 封锁，事务才能继续执行。在事务获准对数据对象 A 的 S 封锁后，在修改 A 值之前必须把 S 封锁升级为 X 封锁。

X 封锁与 S 封锁之间的相互作用可用相容矩阵来表示，如表 9-6 所示。若，X 表示 X 封锁，S 表示 S 封锁，"—"表示无封锁；Y 表示两种封锁相容，N 表示两种封锁不相容。

表 9-6　X 封锁与 S 封锁的相容矩阵

T1 ＼ T2	X	S	—
X	N	N	Y
S	N	Y	Y
—	Y	Y	Y

9.4.3　活锁和死锁

封锁技术可以避免并发操作引起的数据错误，但也可能产生一些问题，如活锁和死锁。

1. 活锁

定义 9.3 系统中的某个事务永远处于等待状态，得不到封锁机会，这种现象称为"活锁"（Live Lock）。

如表 9-7 所示，事务 T2 始终处于等待状态，不能进行封锁请求。

避免活锁的简单方法是采用先来先服务的策略。当多个事务请求封锁同一数据对象时，封锁系统按照请求封锁的先后次序对事务排队，数据对象上的锁一旦被释放，就批准申请队列中的第一个事务获得锁。

2. 死锁

定义 9.4 系统中的两个或两个以上的事务处于等待状态，并且每个事务都在等待其中的另一个事务释放封锁才能继续执行，导致任何事务都无法继续执行，这种现象称为"死锁"（Dead Lock）。

如表 9-8 所示，Lock-S(A)、Lock-X(B)分别表示对 A 请求加共享锁、对 B 加排他锁，事务 T1 等待事务 T2 释放 B，事务 T2 等待事务 T1 释放 A，这样两个事务均无法继续执行，导致死锁。

表 9-7　活锁

T1	T2	T3
Lock R		
	Lock R	
	Wait	
	Wait	
	Wait	
Unlock R		
		Lock R
	Wait	

表 9-8　死锁

T1	T2
Lock-S（A）	
Read（A）	Lock-X（B）
Lock-X（B）	Read（B）
Wait	Lock-S（A）
Wait	Wait
…	…

死锁的解决方法有两种：其一，积极预防死锁的发生；其二，利用适当的方法检测死锁是否已发生，从而解除死锁。

（1）死锁的预防

在数据库中，产生死锁的根本原因是两个或多个事务都已经封锁了一些数据对象，然后又都请求对已被其他事务封锁的数据对象加锁，从而出现无限等待。防止死锁的发生其实就是要破坏产生死锁的条件。

预防死锁通常有如下两种方法。

① 一次封锁法

一次封锁法要求每个事务必须一次性地将所有要使用的数据加锁，否则就不能继续执行。在表 9-8 中，如果事务 T1 将 A 和 B 一次加锁，T1 就可以执行下去，而事务 T2 等待，事务 T1 执行完后释放 A 和 B 上的锁，事务 T2 继续执行。这样就不会发生死锁。

一次封锁法虽然可以有效地防止死锁的发生，但也存在一定的问题。第一，一次性地就将以后要用的全部数据加锁，势必扩大了封锁数据的范围，从而降低了系统的并发度。第二，数据库中的数据是不断变化的，原本不要求封锁的数据，在事务执行过程中可能会变成封锁对象，所以很难事先精确地确定每个事务所要封锁的数据对象，为此只能扩大封锁数据的范围，将事务在执行过程中可能要封锁的数据对象全部加锁，这样就更加降低了系统的并发度。

② 顺序封锁法

顺序封锁法是预先对数据对象规定一个封锁顺序，所有事务都按照这个顺序实行封锁。

顺序封锁法可以有效地防止死锁，但也同样存在一些问题。第一，数据库中封锁的数据对象极多，并且会随着数据的插入、删除等操作而不断变化，要维护这样的资源的封锁顺序非常困难，成本很高。第二，事务的封锁请求随着事务的执行而动态决定，很难事先确定每一个事务要封锁的数据对象，因此也就很难按规定顺序封锁。

可见，操作系统中广为采用的预防死锁的策略并不很适合数据库的特点，因此 DBMS 在解决死锁的问题上普遍采用诊断并解除死锁的方法。

（2）死锁的诊断和解除

① 超时法

如果一个事务等待锁的时间太长，超过事先设定的时限，则主观认定其处于循环等待中而"回避"。该方法实施简单，但可能存在下列问题。第一，该方法发现死锁耗费的时间稍长，即过一段时间才认为存在死锁。第二，可能存在误判，即没有死锁而误认为发生死锁了。第三，超时时间设置得越小，误判的机会就越大；而超时时间设置太大，则发生死锁后的时间会过长。

② 等待图法

等待图是一个有向图 $G=(W, U)$，W 是当前运行事务的集合，U 是边的集合，$U=\{(T_i, T_j) | T_i$ 等待 $T_j, i \neq j\}$。

当某个锁请求加入锁申请队列时，DBMS 的锁管理器会向图中增加一条边；而某个锁请求得到获准时，DBMS 的锁管理器会从图中删除一条相应的边。

等待图法是利用有向图来判断是否存在死锁的方法，如果有向图中有回路，说明死锁已发生。

本章小结

本章主要讲述了保证数据库完整性的相关知识，主要包括以下内容：

- 事务的概念和性质
- 使用事务控制语句 Begin Transaction、Commit Transaction 和 Rollback Transaction 编写事务处理程序
- 事务的分类
- 锁的分类
- 锁的粒度
- 错误的处理
- 事务的并发控制
- 封锁机制
- 活锁和死锁
- 死锁的检测和处理方法

通过本章的学习，读者应该了解保证数据库完整性的基本方法，能够熟练运用事务和锁机制来保证数据的完整性，掌握利用 @@ERROR 检测和处理错误的方法，并了解数据库的并发控制机制。

习题 9

1. 什么是数据库数据的完整性？
2. 什么是事务？事务的 4 个性质是什么？
3. 事务的分类以及使用事务的注意事项有哪些？
4. 锁的作用是什么？简述锁的类型。
5. 常量@@ERROR 的作用是什么？
6. 什么是封锁？常用的封锁类型有哪些？
7. 什么是活锁？什么是死锁？
8. 简述预防死锁的方法。

实训 9

实训目的：掌握事务的定义、错误的处理。

操作步骤：

1. 使用 T-SQL 语句编写一个事务，实现向数据库 student 的课程表中插入一条正确的记录，并提交该事务；

2. 使用 T-SQL 语句编写一个事务，实现向数据库 student 的学生表中插入一条正确的记录，并回滚该事务；

3. 使用 T-SQL 语句编写一个事务，实现向数据库 student 的成绩表中插入一条正确的记录，并提交该事务，再向成绩表中插入相同的记录后提交事务，观察错误提示信息；

4. 使用 T-SQL 语句创建一个带参数的存储过程，存储过程名为 "kc_delete"，用于按课程编号删除课程信息，要求具有错误处理能力，并执行该存储过程。

反侵权盗版声明

电子工业出版社依法对本作品享有专有出版权。任何未经权利人书面许可，复制、销售或通过信息网络传播本作品的行为；歪曲、篡改、剽窃本作品的行为，均违反《中华人民共和国著作权法》，其行为人应承担相应的民事责任和行政责任，构成犯罪的，将被依法追究刑事责任。

为了维护市场秩序，保护权利人的合法权益，我社将依法查处和打击侵权盗版的单位和个人。欢迎社会各界人士积极举报侵权盗版行为，本社将奖励举报有功人员，并保证举报人的信息不被泄露。

举报电话：（010）88254396；（010）88258888

传　　真：（010）88254397

E-mail：　dbqq@phei.com.cn

通信地址：北京市万寿路 173 信箱

　　　　　电子工业出版社总编办公室

邮　　编：100036